RÉPUBLIQUE FRANÇAISE

DÉPARTEMENT DU NORD

CHAMPS

DE DÉMONSTRATION ET D'EXPÉRIENCES AGRICOLES

RAPPORT

RÉPUBLIQUE FRANÇAISE.

DÉPARTEMENT DU NORD.

CHAMPS

DE DÉMONSTRATION ET D'EXPÉRIENCES AGRICOLES

DE 1890-91

RAPPORT

DE

M. Louis COMON,

PROFESSEUR DÉPARTEMENTAL D'AGRICULTURE.

LILLE,
IMPRIMERIE L. DANEL,

1892

RAPPORT

ADRESSÉ

à M. le Ministre de. l'Agriculture

ET

à M. le Préfet du Nord.

En livrant à la publicité les résultats de nos expériences de 1889-90, nous avons cru devoir faire précéder nos chiffres et leur discussion, d'un exposé de l'organisation du service, tel que nous l'avions établi à notre arrivée dans le département.

Nous avons ainsi décrit en détail, le but que nous nous proposions d'atteindre, les considérations relatives au choix de nos collaborateurs et à celui des champs ; nous avons fait connaître les conditions d'installation, la disposition des essais, et donné des détails sur la façon dont nous arrivons à nous renseigner d'une manière continue sur la végétation. L'organisation des visites publiques y était également décrite, les instructions pour la récolte y ont été reproduites ; l'institution des commissions de pesée, les méthodes de calcul, l'appréciation des résultats, ont fait l'objet de chapitres spéciaux.

Nous ne croyons donc pas devoir revenir dans le présent rapport sur l'ensemble de notre organisation qui est restée la même ; nous nous bornerons, pour chaque plante expérimentée à justifier l'opportunité des essais que nous avons entrepris, à donner des renseignements précis sur l'établissement, la végétation, les résultats de chaque champ et à en apprécier ensuite l'ensemble soit au point de vue des enseignements qui en découlent, soit à celui de la démonstration qu'ils ont été appelés à effectuer.

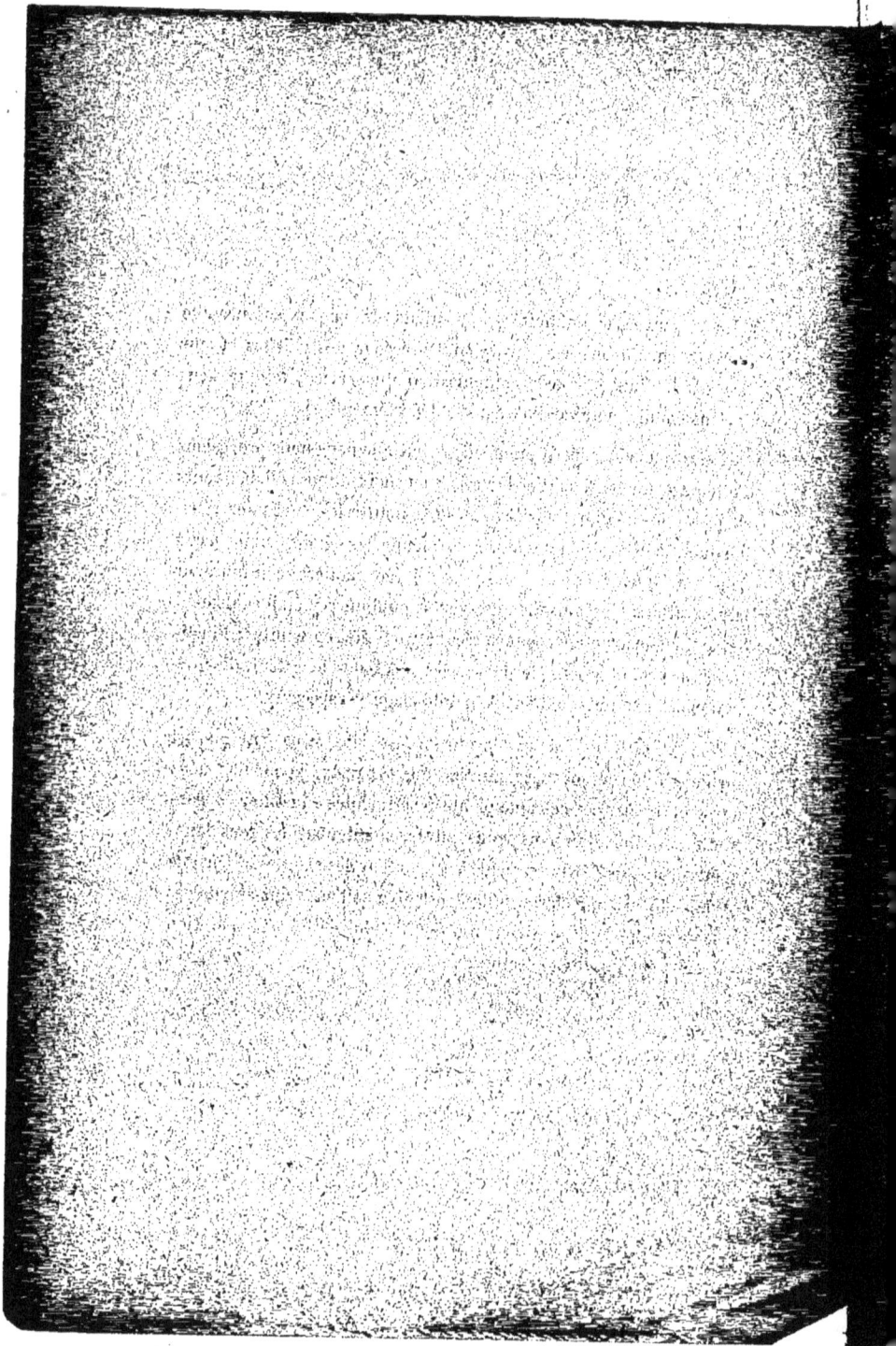

LIN

Nous ne croyons pas devoir revenir sur les motifs qui nous ont déterminé à nous occuper du lin ; l'exposé en a été fait avec détails dans le rapport publié l'an dernier, sur les expériences de 1889-90.

Nous tenons néanmoins à rappeler, que, sans avoir la prétention de rendre à cette culture sa prospérité d'autrefois, le but de nos efforts est d'essayer de la rendre *possible*, par l'emploi de variétés avantageuses, et de fumures appropriées.

Nos essais ont traversé 2 périodes ; celle de *recherches* et celle de *vulgarisation* des faits acquis.

La période de recherches, commencée dans le Pas-de-Calais en 1887, a été continuée dans le Nord en 1890. Les résultats obtenus durant ces quatre années ont été publiés ; ils nous ont suffisamment paru significatifs et concordants, pour qu'il nous soit permis de clore la période de recherches, et d'entrer en 1891 dans celle de vulgarisation, au moyen des champs de démonstration.

C'est ainsi que nous avons établi en 1891, 37 champs de démonstration, dont 22 sur engrais et variétés et 15 sur variétés seulement.

Deux champs *d'expérience* seulement ont été installés.

Champs d'expériences de lin de Cappelle

Établis chez M. Florimond Desprez

Contenance totale...... .... 1 н. 20
Contenance des parcelles .... 10 ares
Nombre des parcelles : 12

Sol. — Le sol est plat, argileux, parfaitement homogène, reposant sur un sous-sol de même nature.

Division. — Les variétés expérimentées sont les suivantes :

Parcelles 1 et 7 Lin de Tonne de Riga

d° 2 et 8 Lin de sous-Tonne de Riga (provenant du champ d'expérience de 1890 installé chez M. Coquelle de Mastaing).

d° 3 et 9 Lin de Tonne de Pernau (provenant de M. Diedrich Schmidt de Pernau).

Parcelles 4 et 10 Lin de Pskoff amélioré russe (provenant de M. Vilmorin).

d° 5 et 11 Lin de Sous-Tonne de Pskoff (provenant du champ d'expériences de 1890 installé chez M. Legrand de Spycker).

d° 6 et 12 Lin de Sous-Tonne de Pskoff (provenant du champ d'expériences de 1890, installé chez M. Coquelle de Mastaing.

Fumures. — Les parcelles 1, 2, 3, 4, 5, 6, n'ont reçu aucun engrais. Les parcelles 7, 8, 9, 10, 11, 12, ont reçu un engrais composé de :

Superphosphates 11/13 30 k. soit 300 k. à l'H^{re}
Sulfate de potasse   20 k. soit 200 k.   d°
Sulfate d'ammoniaque 8 k. soit 80 k.   d°
Nitrate de soude   10 k. soit 100 k.   d°

Le tout représente une dépense de 111 fr. 40 à l'hectare.

Les superphosphates et le sulfate de potasse ont été enfouis au scarificateur le 18 mars.

La moitié du sulfate d'ammoniaque et du nitrate de soude a été épandue en couverture au moment de la semaille, l'autre moitié à la levée.

Levée. — La levée a eu lieu en 11 jours, du 16 au 27 avril, soit 21 jours après la semaille. Elle a été aussi active dans les parcelles sans engrais que dans les parcelles avec engrais.

Les diverses variétés expérimentées se classent comme suit, d'après la précocité de leur levée.

1° Lin de Sous Tonne de Riga, Coquelle, ayant donné 98 % de grains levés.
2° Lin de Pskoff Vilmorin.............. id. 97 % id.
3° Lin de Pskoff Coquelle............... id. 98 % id.
4° Lin de Pskoff Legrand............... id. 96 % id.
5° Lin de Tonne Pernau................ id. 98 % id
6° Lin de Tonne de Riga............... id. 84 % id.

Cette dernière a été très en retard sur toutes les autres.

Végétation. — La végétation qui a suivi a été plus ou moins active, suivant les températures, l'hygrométricité de l'air et l'état physique du ciel.

Au 5 juin nous avons relevé les hauteurs moyennes suivantes :

Lin de Tonne de Riga.........	Avec Engrais........	0m29
	Sans Engrais........	0m18
Lin de Sous Tonne de Riga...	Avec Engrais........	0m33
	Sans Engrais........	0m19
Lin de Tonne Pernau.........	Avec Engrais........	0m27
	Sans Engrais........	0m20
Lin de Pskoff Vilmorin.......	Avec Engrais........	0m28
	Sans Engrais........	0m20
Lin de Pskoff Legrand.......	Avec Engrais........	0m26
	Sans Engrais........	0m19
Lin de Pskoff Coquelle.......	Avec Engrais........	0m28
	Sans Engrais........	0m25

Depuis le 6 juin nous avons suivi jour par jour, en même temps que nos observations météorologiques, la marche de la végétation d'une tige de lin dans chacune de nos parcelles ; les chiffres relevés sont insérés dans le tableau ci-contre.

Dans la première colonne se trouvent les dates, dans les deux suivantes les températures et dans celles qui suivent la pousse journalière de la tige mesurée le 6 juin.

TABLEAU donnant jour par jour, avec les températures, la marche de la végétation des Lins du 6 au 30 juin.

DATES	Températures à l'ombre. Minima	Maxima	Lin de Tonne de Riga. Parcelle 1 sans engrais.	Parcelle 7 avec engrais.	Lin de sous-Tonne de Riga. Parcelle 2 sans engrais.	Parcelle 8 avec engrais.	Lin de Tonne Pernau. Parcelle 3 sans engrais.	Parcelle 9 avec engrais.	Lin de Pakoff Vilmorin. Parcelle 4 sans engrais.	Parcelle 10 avec engrais.	Lin de Pakoff Legrand. Parcelle 5 sans engrais.	Parcelle 11 avec engrais.	Lin de Pakoff Coquelle. Parcelle 6 sans engrais.	Parcelle 12 avec engrais.
HAUTEUR DE LA TIGE : Juin 6	12°	20°	18 cm.	30 cm.	19 cm.	30 cm.	20 cm.	25 cm.	20 cm.	29 cm.	19 cm.	30 cm.	26 cm.	34 cm.
POUSSE : Juin 8	10.5	18.»	4.25	4.»	4.»	3.75	4.90	4.50	4.50	4.75	4.75	4.»	4.»	4.»
» 10	9.5	13.»	3.25	3.»	3.»	3.25	3.10	3.25	3.25	3.50	3.50	3.»	1.»
» 11	7.5	13.»	1.50	1.»	1.»	1.»	1.50	1.25	1.»	1.75	1.50	1.50	1.»
» 12	8.»	14.»	2.»	2.»	1.75	1.50	1.50	1.50	1.50	1.»	1.50	1.»
» 13	8.»	18.»	2.»	2.»	2.»	2.»	2.»	2.50	2.50	2.»	2.»
» 14	3.»	18.»	2.50	2.»	2.25	2.50	2.»	2.50	2.50	2.»	2.»	2.»
» 15	9.5	17.5	2.50	2.»	2.50	2.50	2.»	2.50	2.»	3.»	2.50	2.50
» 16	9.5	19.»	2.50	2.»	3.50	3.50	3.50	2.50	3.»	2.50	2.50
» 17	9.5	17.»	2.50	2.50	3.»	3.»	3.50	2.50	3.»	2.50	2.»
» 18	9.5	20.»	3.»	2.50	3.50	3.»	4.»	3.50	3.»	4.»
» 19	9.5	20.»	2.50	3.50	2.»	3.»	3.50	3.»	4.»
» 20	9.5	22.»	3.50	2.50	2.50	2.50	3.»	4.»	3.50	3.50	4.50	4.»
» 21	11.5	23.»	2.50	2.50	1.50	2.50	2.50	3.50	3.50	3.50	3.50
» 22	11.5	23.»	2.50	3.»	2.»	1.50	2.50	2.»	3.50	3.50	3.50	3.50 B
» 23	12.»	18.»	4.»	3.50	3.»	1.50	2.»	2.» B	3.» B	3.50 B	3.50	3.50
» 24	9.5	24.»	4.»	3.»	1.»	1.»	2.50	2.50	4.»	3.50	3.50 B	2.50
» 25	12.5	23.»	2.»	4.»	3.» B	1.» F	3.»	3.»	3.»	4.50	2.» F	2.» F
» 26	16.»	27.»	2.»	2.»	3.»	8.» B	3.»	2.»	3.» F	4.» F	2.»
» 27	14.»	25.»	1.» F	2.» F	3.» F	2.» F	3.» F	2.50	4.» F	1.50	2.» F	1.»
» 28	14.5	27.»	0.50 D	1.» D	1.50	1.»	3.»	2.» D	3.50	1.» D	1.30
» 29	10.5	24.5	0.»	0.»	1.»	1.»	0.50	2.»	2.»	1.»	0.» D	0.»
» 30	14.5	24.»	0.»	0.»	0.»	0.» D	0.50 D	0.» D	2.» D	0.» D	0.»	0.»
	14.»	23.5		0.»	0.»	0.»	0.»	0.»	0.»	0.»		

N.-B. — B. époque de l'apparition du bouton au sommet de la tige. — F. floraison et D. époque de la défloraison de la tige.

Epoque moyenne de l'apparition du bouton, de la floraison et de la défloraison de chaque variété.

Parcelle N° 1 : Bouton 23 juin, floraison 25 juin, défloraison 28 juin.
— N° 2 : — 23 juin, — 26 juin, — 29 juin.
— N° 3 : — 23 juin, — 26 juin, — 29 juin.
— N° 4 : — 23 juin, — 26 juin, — 29 juin.
— N° 5 : — 23 juin, — 27 juin, — 30 juin.
— N° 6 : — 22 juin, — 25 juin, — 29 juin.
— N° 7 : — 20 juin, — 24 juin, — 27 juin.
— N° 8 : — 20 juin, — 24 juin, — 27 juin.
— N° 9 : — 19 juin, — 23 juin, — 27 juin.
— N° 10 : — 20 juin, — 24 juin, — 28 juin.
— N° 11 : — 20 juin, — 24 juin, — 28 juin.
— N° 12 : — 19 juin, — 23 juin, — 27 juin.

Au 30 juin la hauteur de chaque parcelle de lin était comme suit :

Lin de tonne de Riga..........	Avec Engrais,......	0^m685
	Sans Engrais........	0^m695
Lin de Sous-Tonne de Riga..	Avec Engrais.......	0^m685
	Sans Engrais.......	0^m600
Lin de Tonne Pernau..........	Avec Engrais.......	0^m785
	Sans Engrais.......	0^m62
Lin de Pskoff Vilmorin......	Avec Engrais.......	0^m75
	Sans Engrais.......	0^m735
Lin de Pskoff Legrand........	Avec Engrais.......	0^m84
	Sans Engrais.......	0^m825
Lin de Pskoff Coquelle........	Avec Engrais.	0^m785
	Sans Engrais.......	0^m72

Un orage survenu le 26 juin a versé nos lins et depuis cette époque ils n'ont plus pour ainsi dire augmenté de hauteur.

Hauteur à l'arrachage : (12 et 13 juillet).

Lin de Tonne de Riga.........	Avec Engrais........	0^m85
	Sans Engrais........	0^m76
Lin de Sous-Tonne de Riga...	Avec Engrais........	0^m86
	Sans Engrais.......	0^m79
Lin de Tonne Pernau..........	Avec Engrais........	0^m80
	Sans Engrais.........	0^m80

Lin de Pskoff Vilmorin........ { Avec Engrais......... 0^m85
                                { Sans Engrais .... 0^m84
Lin de Pskoff Legrand.... .... { Avec Engrais........ 0^m86
                                { Sans Engrais......... 0^m82
Lin de Pskoff Coquelle........ { Avec Engrais .... 0^m86
                                { Sans Engrais......... 0^m82

Rendements. — La pesée a été effectuée le 25 juillet.

Parcelles sans Engrais :

N° 1.— Lin de Tonne de Riga,   101 bottes pesant 660 k. soit à l'hect. 6.600 k.
N° 2.— Lin Sous-Tonne de Riga Coquelle 112   —   720   —   7.200 k.
N° 3.— Lin de Tonne Pernau,   111   —   660   —   6.600 k.
N° 4.— Lin de Pskoff Vilmorin,   107   —   570   —   5.700 k.
N° 5.— Lin de Pskoff Legrand,   109   —   660   —   6.600 k.
N° 6.— Lin de Pskoff Coquelle,   126   —   760   —   7.600 k.

Parcelles avec Engrais :

N° 7.— Lin de Tonne de Riga.   124 bottes pesant 760 k. soit à l'hect. 7.600 k.
N° 8.— Lin Sous-Tonne de Riga Coquelle 121   —   680   —   6.800 k.
N° 9.— Lin de Tonne Pernau,   106   —   710   —   7.100 k.
N° 10.— Lin de Pskoff Vilmorin,   112   —   650   —   6.500 k.
N° 11.— Lin de Pskoff Legrand,   111   —   650   —   6.500 k.
N° 12.— Lin de Pskoff Coquelle,   137   —   730   —   7.300 k.

En résumé le produit moyen à l'hectare des 6 variétés sans engrais est de 6.716 k., tandis que celui des parcelles avec engrais est de 6.966 k.

Il n'y a donc qu'une différence de 250 k. en faveur des engrais.

Les variétés ayant reçu de l'engrais sont de moins bonne qualité que les autres, ce qui est dû aux mauvaises influences météorologiques de cette campagne.

Voici les rendements moyens fournis par les différentes variétés :

Tonne de Riga.......................... 7100 kil.
Sous Tonne de Riga..................... 7000 »
Pernau................................. 6850 »
Pskoff Vilmorin........................ 6100 »
Pskoff Legrand......................... 6050 »
Pskoff Coquelle........................ 7450 »

Cette expérience comparative, qui avait été conduite avec tant de soin par M. Desprez, ne peut que bien peu nous éclairer sur la valeur des différentes variétés expérimentées, par suite des influences météorologiques contraires de l'été 1891, aussi nous ne croyons pas devoir nous livrer à une discussion approfondie des chiffres donnés plus haut.

Il y a cependant une particularité digne de remarque. Si l'on jette les yeux sur les tableaux qui donnent la hauteur des tiges au 30 juin, et si on les compare aux hauteurs à l'arrachage, on s'aperçoit que les Pskoff ont arrêté leur croissance au 30 juin, tandis que les Riga ont augmenté très sensiblement leur taille durant cette période de 12 jours. Ce phénomène a été presque général dans nos expériences de 1891, et s'explique facilement :

Les lins étaient en général très forts. Les Pskoff qui ont toujours une croissance plus rapide dépassaient de beaucoup les lins de Riga. Les orages surviennent, les Pskoff versent les premiers, et leur croissance a arrêté. Pendant ce temps les Riga moins longs au moment des orages, continuent à végéter. Quant aux Pskoff, ils pourrissent. Ceci explique comment il se fait qu'en 1891 les Pskoff n'ont souvent pas plus de taille, pas plus de rendement en poids et souvent moins de qualité que le Riga.

Champs de démonstration de variétés et d'engrais
M. Henri Bollart, à St-Pierrebrouck

Contenance totale........	20 ares 40
Contenance des parcelles...	5 ares 10
Nombre des parcelles : 4	

Nature du sol. — Argileux.

Plantes précédentes. — En 1889 blé, en 1890 trèfle, dernier lin en 1881.

Nature des essais

Variétés { Lin de Sous Tonne de Riga (3 et 4)
{ Lin de Pskoff amélioré russe (Vilmorin) (1 et 2)

Fumures : fumure témoin (2 et 4) { Superphosphates 550 k. par H^{re} / Nitrate de soude 200 k. } Dépenses à l'H^{re} 84 fr.

Fumure d'essai (1 et 3) { Tourteaux de sésame 300 k. à l'H^{re} / Superphosphates 400 k. / Sulfate de potasse 200 k. / Sulfate d'ammoniaque 80 ». / Nitrate de soude 80 k. } Dépense à l'hectare 161 fr. 80.

Epandage des engrais. — Les tourteaux, superphosphates, sulfate de potasse, ont été enfouis par le labour de semailles

La moitié du sulfate d'ammoniaque et du nitrate a été semée en couverture après les semailles des lins, et la seconde moitié au moment de leur levée.

Semailles. — 27 mars.

Levée. — La levée a été bonne ; elle s'est effectuée le 18 avril.

Végétation. — Le Pskoff a rapidement pris l'avance sur le Riga, et l'a conservée jusqu'au 29 juin, époque à laquelle un orage l'a complètement versé.

Les 2 parcelles d'engrais d'essai étaient également plus fortes, mais la verse y a fait plus de dégâts que dans les parcelles témoin.

Rendements :

	Pskoff.		Riga.	
	Fumure témoin	Fumure d'essai	Fumure témoin	Fumure d'essai
Numéros des parcelles	2	1	4	3
Contenance des parcelles	5 A 10	5 A 10	5 A 10	5 A 10
Poids de la graine à l'hectare	394 kil.	333 kil.	562 kil.	490 kil.
Poids de la paille à l'hectare	4666 kil.	4394 kil.	4085 kil.	3570 kil.
Hauteur moyenne des tiges	1^m05	1^m05	0^m85	0^m80
Résistance à la verse	passable	mauvaise	bonne	bonne
Précocité	moyenne	moyenne	moyenne	moyenne
Couleur à la maturation	bonne	bonne	bonne	bonne
Qualité de la paille	bonne	bonne	bonne	bonne
Qualité de la graine	passable	passable	bonne	bonne
Valeur marchande des 100 kil. de graine	30 fr.	30 fr.	30 fr.	30 fr.
Valeur marchande des 100 kil. de lin battu	12 fr.	12 fr.	12 fr.	12 fr.

Moyennes des rendements
en paille à l'hectare

Fumure d'essai..........	3982 kil.
Fumure témoin........	4375
Pskoff....................	4530
Riga...............	3827

La trop grande vigueur des parcelles à fumure d'essai dans une année aussi pluvieuse que 1892, leur a nui, et la fumure témoin, qui était beaucoup plus modeste, l'emporte.

Quant au Pskoff, il l'emporte néanmoins comme rendements.

Des échantillons de ces 4 parcelles ont été rouis et teillés avec les lins du concours linier ; voici les résultats de ces opérations et des estimations qui ont été faites par un expert :

5 kil. de lin battu ont été rouis et teillés :

	Poids de 5 kil.		Rendement de 100 k. de lin roui en lin teillé.	Rendement de 100 k. de lin battu en lin teillé.	Valeur marchande du lin teillé.
	Après rouissage.	Après teillage.			
Pskoff (1)............	3.500	0.880	25.14	17.6	80 (forte chaîne)
Pskoff (2)............	3.700	0.860	23.24	17.2	80 (id.)
Riga sous tonne (3)...	2.500	0.650	24.00	13.0	70 (id.)
Riga sous tonne (4)...	4.000	0.950	23.75	19.0	70 (id.)

Il résulte de ces chiffres, que malgré les circonstances défavorables, le Pskoff a conservé un rendement cultural supérieur au Riga, un rendement plus considérable en lin teillé, et un prix plus élevé.

M. Ch. CALOONE, à Pitgam

Contenance totale...............	60 ares.
Contenance des parcelles........	10 ares.
Nombre des parcelles : 6.	

Nature du sol. — Sablonneux grisâtre.

Plantes précédentes. — En 1889, trèfle ; en 1890, blé ; dernier lin en 1882.

Nature des essais :

VARIÉTÉS..
{ Lin de tonne de Riga.................... (parcelles 1 et 4)
Lin de Pskoff amélioré russe Vilmorin.... (parcelles 2 et 5)
Lin de sous-Tonne de Riga.............. (parcelles 3 et 6)

FUMURES...
{
Fumure témoin (parcelles 1-2-3).
{
| Superphosphates ...... | 500ᵏ· à l'hect. | } Dépense à l'hectare 179ᶠʳ· |
}
Fumure d'essai (parcelles 4-5-6).

Superphosphates	500ᵏ· à l'hect.	Dépense
Chlorure de potassium .	200ᵏ· —	à
Sulfate d'ammoniaque..	200ᵏ· —	l'hectare
Nitrate de soude	200ᵏ· —	179ᶠʳ·
Tourteaux de sésame...	400ᵏ· à l'hect.	Dépense
Superphosphates........	300ᵏ· —	à
Sulfate de potasse.......	200ᵏ· —	l'hectare
Sulfate d'ammoniaque..	80ᵏ· —	171ᶠʳ·40.
Nitrate de soude	100ᵏ· —	

Épandage des engrais. — Les tourteaux, superphosphates, sulfate de potasse, ont été enfouis par le labour de semailles.

La moitié du sulfate d'ammoniaque et du nitrate, a été semée en couverture après les semailles de lins, et la seconde moitié au moment de leur levée.

Semailles. — 25 mars.

Levée. — 18 avril ; la levée était en général un peu claire.

Végétation. — La végétation a été bonne dans toutes les parcelles, jusqu'au moment des orages de la fin de juin. Le Pskoff étant plus long et plus précoce a versé davantage. Les Riga étant plus courts se sont mieux relevés. C'est ce qui explique la supériorité des rendements des Riga, et la qualité supérieure de leurs produits.

Rendements :

	Pskoff.		Riga (tonne).		Riga (sous Tonne).	
	fumure témoin.	fumure d'essai.	fumure témoin.	fumure d'essai.	fumure témoin.	fumure d'essai.
Numéros des parcelles	2	5	1	4	3	6
Contenance des parcelles....	10ᵃ	10ᵃ	10ᵃ	10ᵃ	10ᵃ	10ᵃ
Poids de la graine à l'hectare..	251	251	253	325	365	315
Poids de la paille et des balles à l'hectare.................	8400	8200	8850	9000	8500	8600
Hauteur moyenne des tiges ...	0.95	0.95	0.90	0.90	0.90	0.90
Résistance à la verse........	—	—	—	—	—	—
Précocité....................	précoce	précoce	tardive	tardive	moyenne	moyenne
Couleur à la maturation	bonne	bonne	bonne	bonne	bonne	bonne
Qualité de la paille..........	passable	passable	passable	passable	passable	passable
Qualité de la graine	passable	passable	passable	passable	passable	passable
Valeur marchande { des 100 k. de graine	28 60	28 60	28 60	28 60	28 60	28 60
des 100 k. de lin battu...	12 »	12 »	12 »	12 »	12 »	12 »

Moyennes des rendements en paille, en balles à l'hectare.

{
Fumure d'essai .... 8.583^k.
Fumure témoin........... 8.600^k.
Pskoff................. 8.300^k.
Riga (tonne) .... 8.920^k.
Riga (sous tonne)......... 8.550^k.
}

Voici les rendements au rouissage et au teillage :

	Rendement de 5 kil. de lin		Rendement de 100 k. de lin roui en lin teillé.	Rendement de 100 k. de lin battu en lin teillé.	Valeur marchande du lin teillé.
	après rouissage	après teillage.			
Pskoff (2)............	3.400	0.900	26.47	18	85 (chaîne).
Pskoff (5)............	3.500	0.750	21.42	15	— (échantillon perdu).
Riga (tonne) (1)......	3.250	0.710	21.84	14.2	75 (chaîne).
Riga (tonne) (4)......	3.400	0.790	23.23	15.8	85 (chaîne).
Riga (sous tonne) (3)..	3.400	0.800	23.52	16	65 (petite chaîne).
Riga (sous tonne) (6)..	3.750	0.880	23.46	17.6	80 (chaîne).

M. H. CATRY, à Bousbecque

Contenance totale...................... 21 ares 44

Contenance des parcelles.................... 5 ares 36

Nombre des parcelles : 4

Le champ de M. Catry avait été établi de la même manière que celui de M. Bollart. Les variétés en présence étaient le Pskoff et le Riga, et une fumure témoin aux tourteaux était à comparer à une fumure d'essai aux superphosphates et sulfate de potasse.

La levée a été bonne, la végétation de juin excellente ; tout faisait prévoir la supériorité du lin de Pskoff et de la fumure d'essai ; mais un orage avec grêle a détruit la récolte dans les derniers jours de juin. Dans ces conditions la publication des chiffres de pesée n'offrirait aucun intérêt.

2

M. Aug. CHARLET, à Noordpeene.

Contenance totale....................... 60 ares
Contenance des parcelles.................... 15 ares
Nombre des parcelles : 4

Nature du sol. — Argileux.

Plantes précédentes. — En 1889 : Trèfle avec superphosphates
En 1890 : Blé avec fumuré
Dernier lin 1882.

Nature des essais :

VARIÉTÉS.. { Lin de Tonne de Riga (parcelles 3 et 4)
{ Lin de Pskoff amélioré russe Vilmorin (parcelles 1 et 2)

FUMURES...

Fumure témoin (parcelles 2 et 4) { Superphosphates 900 kil. à l'hectare
Nitrate 300 kil. à l'hectare } Dépense à l'hect. 150 fr.

Fumure d'essai parcelles 1 et 3 { Tourteaux de sésame 500 kil. à l'hectare
Superphosphates..... 300 kil. d°
Sulfate de potasse.... 200 kil. d°
Sulfate d'ammoniaque 100 kil. d°
Nitrade de soude..... 100 kil. d° } Dépense à l'hect. 192 fr.

Épandage des engrais. — Les tourteaux, le superphosphate et le sulfate de potasse ont été enfouis par le labour ; le sulfate d'ammoniaque et le nitrate, ont été donnés en couverture moitié après les semailles et moitié à la levée.

Semailles. — Les 2 lins ont été semés le 3 et le 4 mars.

Levée. — La levée a été bonne, elle s'est effectuée le 17 mars pour le Pskoff, et le 22 pour la Tonne de Riga.

Végétation. — Les pluies des 16, 18 et 19 mai donnaient beaucoup de vigueur à la végétation ; le Pskoff conservait son avance.
Au 21 et au 29 juin les orages ont fait courber tous les lins ; l'orage du 7 juillet compléta le désastre. Le Pskoff versa le premier, puisqu'il était plus long, et les parcelles à engrais d'essai également.

Rendements :

	Pskoff.		Riga (de tonne).	
	Fumure témoin	Fumure d'essai	Fumure témoin	Fumure d'essai
Numéros des parcelles	**2**	**1**	**4**	**3**
Contenance des parcelles.................	15 ares	15 ares	15 ares	15 ares
Poids de la graine à l'hectare.............	600	635	714	666
Poids de la paille et des balles à l'hectare...	6160	6440	6940	7106
Hauteur moyenne des tiges................	1.14	1.10	1.16	1.16
Résistance à la verse	passable	passable	passable	passable
Précocité	précoce	précoce	moyenne	moyenne
Couleur à la maturation.................	mauvaise	mauvaise	mauvaise	mauvaise
Qualité de la paille	mauvaise	mauvaise	mauvaise	mauvaise
Qualité de la graine	passable	passable	passable	passable
Valeur ⎰ des 100 kil. de graine......	25 fr.	25 fr.	27 fr.	27 fr.
marchande. ⎱ des 100 kil. de lin battu	12.25	12.25	12.75	12.75

Moyenne des rendements en paille et balles à l'hectare.

⎰ Fumure d'essai.......... 6773 kil.
⎱ Fumure témoin .... 6550 »

⎰ Pskoff................... 6300 kil.
⎱ Riga .... 7023 »

Rendements au rouissage et au teillage :

	Rendement de 5 kil. de lin.		Rendement de 100 kilogr. de lin roui en lin teillé.	Rendement de 100 kilogr. de lin battu en lin teillé.	Valeur marchande du lin teillé.
	Après rouissage	Après teillage			
Pskoff (1)...........	4.200	1.230	29.28	24.6	75 (chaîne)
Pskoff (2)...........	4.500	1.300	28.88	26.0	75 (d°)
Riga (3)...........	4.600	1.250	27.17	25.0	75 (forte chaîne)
Riga (4)...........	2.300	0.600	26.08	12.0	70 (petite d°)

Malgré les influences contraires, on peut voir que la fumure d'essai l'a emporté en poids, mais aussi le Pskoff, versé par l'orage du 7 juillet, a été fortement avarié. Comparativement aux Riga, il a cependant conservé plus de rendement au lin teillé, et une valeur commerciale au moins aussi grande.

M. DECROOCQ, à Pitgam

Contenance totale.................... 40 ares.
Contenance des parcelles.............. 10 ares.
Nombre des parcelles : 4.

Nature du sol. — Argilo-siliceux.

Plantes précédentes. — En 1889, blé, En 1890, avoine. Le dernier lin que portait cette terre date de 20 ans.

Nature des essais :

VARIÉTÉS.. { Lin de Tonne de Riga (parcelles 3 et 4).
{ Lin de Pskoff amélioré russe Vilmorin (parcelles 1 et 2.)

FUMURES... {

Fumure témoin (parcelles 2 et 4). { Urine 136 hectolitres à l'hectare. / Nitrate de soude ...... 220^k à l'hect } Dépense à l'hect 123 fr.

Fumure d'essai (parcelles 1 et 3). {
Tourteaux de sésame... 400^k —
Superphosphates........ 300^k —
Sulfate de potasse...... 200^k —
Sulfate d'ammoniaque.. 80^k —
Nitrate de soude...... 100^k —
} Dépense à l'hect. 171 fr. 40

Epandage des Engrais. — Les superphosphates, les tourteaux et le sulfate de potasse de la fumure d'essai, ont été enfouis par le labour.

Le sulfate d'ammoniaque et le nitrate de soude ont été mélangés ; la moitié a été semée en couverture après les semailles, et la seconde moitié à la levée.

Semailles. — Les semailles ont été faites le 24 mars.

Levée. — La levée s'est effectuée vers le 20 avril pour les deux variétés, mais avec une légère avance pour le lin de Pskoff.

Végétation. — La végétation a été bonne et régulière pendant la première partie de juin. Le Pskoff avait pris rapidement l'avance. La différence entre les deux fumures ne se vit que plus tard. La maturation fut mauvaise pour la fumure témoin, tandis que les lins présentaient une couleur plus jaunâtre et de meilleure augure, dans les parcelles à fumure d'essai. Les quatre parcelles versèrent plus ou moins complètement, lors des orages de la fin de juin et du commencement de juillet; c'est ce qui fit l'infériorité du Pskoff qui versa le premier à cause de sa longueur.

Rendements :

	Pskoff.		Riga (tonne).	
	Fumure témoin	Fumure d'essai	Fumure témoin	Fumure d'essai
Numéros des parcelles......................	**1**	**2**	**3**	**4**
Contenance des parcelles..................	10 ares	10 ares	10 ares	10 ares
Poids de la graine à l'hectare.............	259	261.5	287	310
Poids de la paille et des balles à l'hectare.	8350	8700	8370	8950
Hauteur moyenne des tiges	0.90	0.90	0.88	0.88
Résistance à la verse	passable	passable	bonne	bonne
Précocité..................................	mauvaise	passable	mauvaise	passable
Couleur à la maturation...................	mauvaise	bonne	mauvaise	bonne
Qualité de la paille.......................	mauvaise	passable	mauvaise	passable
Qualité de la graine.......................	bonne	bonne	bonne	bonne
Valeur marchande { des 100 kil. de graine......	28 fr.	28 fr.	28 fr.	28 fr.
{ des 100 kil. de lin battu...	12 fr.	12 fr.	12 fr.	12 fr.

Moyenne des rendements en paille à l'hectare

Fumure d'essai................	8.825 kil.
Fumure témoin	8.610 kil.
Pskoff.......................	8.520 kil.
Riga	8.910 kil.

Voici les rendements des lins au rouissage et au teillage :

	Rendement de 5 kil. de lin.		Rendement de 100 k. de lin roui en lin teillé.	Rendement de 100 k. de lin battu en lin teillé.	Valeur marchande du lin teillé.
	après rouissage	après teillage.			
Pskoff (2) essai.............	3.800	0.850	22.36	17	90 (petite chaîne).
Pskoff (1) témoin	4.300	1.060	24.65	21.2	85 (petite chaîne).
Riga (3) témoin............	4.200	1.050	25 »	21	90 (chaîne).
Riga (4) essai	3.900	0.900	23.07	18	80 (petite chaîne).

M. DERAM-THYS, à Merckeghem.

Contenance totale................... 40 ares.
Contenance des parcelles.......... 10 ares.
Nombre des parcelles : 4.

Nature du sol. — Argileux.

Plantes précédentes. — En 1889, trèfle ; en 1890, avoine.

Nature des essais :

VARIÉTÉS..{ Lin de Tonne de Riga..................... (parcelles 2 et 4)
Lin de Pskoff amélioré russe Vilmorin.... (parcelles 1 et 3)

FUMURES...{
Fumure témoin (parcelles 3 et 4).
{ Tourteaux .... 1.200^k à l'hect. }
Nitrate de soude....... 300^k —
Purin .... 100^h —
} Dépense à l'hectare 243^{fr}.

Fumure d'essai (parcelles 1 et 2).
{ Tourteaux .... 1.200^k à l'hect.
Superphosphates ...... 400^k —
Sulfate de potasse ..... 200^k —
Sulfate d'ammoniaque. 80^k —
Nitrate de soude ...... 100^k —
} Dépense à l'hectare 286^{fr} 80.

Épandage des engrais. — La quantité de tourteaux de la fumure d'essai est beaucoup trop considérable ; cette anomalie provient de ce que le champ avait reçu en novembre 1.200 kil. de tourteaux à l'hectare à l'époque où l'installation des expériences a été décidée.

Les superphosphates et le sulfate de potasse ont été épandus le 22 mars et enfouis à l'extirpateur.

La moitié du nitrate et du sulfate d'ammoniaque a été semée en couverture après les semailles des lins, et la seconde moitié au moment de la levée.

Semailles. — 1er avril.

Levée. — 15 avril.

Végétation. — La végétation a en général été bonne et régulière. Le Pskoff prit beaucoup d'avance, mais fut culbuté par les orages de la fin de juin. A partir de cette époque la végétation s'arrêta, et il fut fortement avarié. Le Riga au contraire ne versa que plus tard, et resta meilleur.

La végétation de la parcelle N° 3 a été entravée par le voisinage d'une haie, on verra que le rendement y est plus faible qu'ailleurs.

Rendements :

	Pskoff.		Riga (de tonne)	
	Fumure témoin	Fumure d'essai	Fumure témoin	Fumure d'essai
Numéros des parcelles....................	3	1	4	2
Contenance des parcelles............	10 ares	10 ares	10 ares	10 ares
Poids de la graine à l'hectare....	167ᵏ	291ᵏ	401ᵏ	247ᵏ
Poids de la paille à l'hectare......:........	3.531	4.646	4.882	4.788

Moyennes des rendements en paille à l'hectare.

Fumure d'essai............... 4.717ᵏ
Fumure témoin... .... 4.206

Pskoff........................ 4.088
Riga.......:............... 4.835

Rendement des lins au rouissage et au teillage :

	Rendement de 5 kil. de lin.		Rendement de 100 kilog. de lin roui en lin teillé	Rendement de 100 kilog. de lin battu en lin teillé	Valeur marchande du lin teillé.
	après rouissage	après teillage			
Pskoff (1)............	—	1.000	20	15	80 (forte chaîne)
Pskoff (3)............	—.	0.900	17.30	14	75 (chaîne).
Riga (2)........,.....	—.	1 000	19.60	14	80 (chaîne).
Riga (4)...............	—	1.150	21.11	15	—

M. DERKENNE, à Feignies.

Contenance totale.:...............:...... 1 h. 41
Contenance des parcelles. .... 25 a. 30
Nombre des parcelles : 4.

Deux fumures et deux variétés avaient été mises en comparaison dans ce champ.

Nous ne pensons pas devoir donner les résultats, car par suite d'un malentendu, le produit des parcelles n'a pas été récolté, ni pesé séparément. Des échantillons en vert ont seulement été prélevés et pesés.

M. J. D'HALLUIN, à Bousbecque

Contenance totale	40 ares.
Contenance des parcelles	10 ares.
Nombre des parcelles : 4.	

Le champ de M. D'Halluin avait été établi sur le même modèle que celui de M. Catry. Nous avons vu plus haut, que le champ de M. Catry a été complètement détruit par la grêle. Celui de M. D'Halluin a subi le même sort ; dans ces conditions nous ne pensons pas devoir donner de résultats.

M. DILLIES, à Marquette

Nous avions établi chez M. Dillies deux champs, l'un de 40 ares (le champ A) après avoine fumée, l'autre de 20 ares (le champ B) après avoine, le fumier ayant été mis depuis l'avoine.

Le champ A comprenait 4 parcelles de 10 ares, où nous comparions le Pskoff et le lin de Riga de Tonne, ainsi qu'une fumure aux engrais chimiques seuls, avec une fumure aux tourteaux et engrais chimiques.

Le champ B ne comportait qu'un essai d'engrais analogue à celui du champ A.

Malheureusement aucune conclusion n'a pu être tirée de ces essais ; tous les carrés ont été culbutés aux premières pluies, et n'ont pu se relever. Pskoff et Riga n'ont donné qu'un produit insignifiant, la récolte étant complètement avariée et perdue.

M. Henri GRAS, à Nomain

Contenance totale	33 a. 60
Contenance des parcelles	8 a. 40
Nombre des parcelles : 4.	

Nature du sol. — Limon argilo-siliceux.

Plantes précédentes. — En 1889, trèfle; en 1890, blé fumé; en septembre 1890, 6600 k. chaux à l'hectare.

Nature des essais :

VARIÉTÉS. } Lin de Sous-Tonne de Riga (parcelles 1 et 3).
Lin Pskoff amélioré russe Vilmorin (parcelles 2 et 4).

FUMURES. {

Fumure témoin (parcelles 1 et 2). } Nitrate................ 165ᵏ· à l'hect. } Dépense à l'hect. 33 fr.

Fumure d'essai (parcelles 3 et 4). {
Tourteaux de sésame... 400ᴸ· à l'hect.
Superphosphates....... 400ᵏ· —
Sulfate de potasse...... 200ᵏ· —
Sulfate d'ammoniaque.. 80ᵏ· —
Nitrate de soude........ 100ᵏ· —
} Dépense à l'hect. 178 fr. 80

Épandage des engrais. — Le nitrate de la fumure témoin a été semé en couverture à la levée.

Les tourteaux, superphosphates et sulfate de potasse de la fumure d'essai ont été enfouis par le labour.

La moitié du sulfate d'ammoniaque et du nitrate de soude, a été semée en couverture après les semailles, et la seconde moitié à la levée.

Semailles. — 6 mars.

Levée. — La levée a été assez bonne, elle s'est effectuée le 5 avril pour le Pskoff, et pour la sous tonne 4 jours plus tard.

Végétation. — Le Pskoff prit de l'avance immédiatement, et la conserva jusqu'au moment où il fut culbuté par les pluies et orages de fin juin et commencement de juillet. Les 2 parcelles à engrais d'essai étaient également plus fortes, et subirent le même sort.

A l'époque de l'arrachage, le Pskoff et les parcelles à fumure d'essai avaient beaucoup perdu, mais étaient néanmoins meilleures. Le Pskoff fut estimé à cette époque par un négociant en lins 5 fr. de plus aux 100 kil. de lin battu, que le Riga.

Nous verrons également que la fumure témoin fut très inférieure comme rendements à la fumure d'essai. Il y a lieu cependant de faire remarquer que si l'on calcule les produits des deux côtés, la fumure d'essai est cependant moins avantageuse, car le nitrate qu'avait reçu les parcelles 1 et 2 ne grévait le produit que de 33 fr. à l'hectare, tandis que la fumure d'essai revenait à 178 fr. 80.

Rendements :

	Pskoff.		Riga (sous tonne).	
	Fumure témoin	Fumure d'essai	Fumure témoin	Fumure d'essai
Numéros des parcelles...............	2	4	1	3
Contenance des parcelles...............	8 ares 40	8 ares 40	8 ares 40	8 ares 40
Poids de la graine à l'hectare............	818	845	958	974
Poids de la paille à l'hectare............	4084	4226	3838	3900
Hauteur moyenne des tiges...............	1.10	1.12	1.02	1.04
Résistance à la verse...............	passable	passable	passable	passable
Précocité...............	précoce	précoce	tardive	tardive
Couleur à la maturation...............	passable	passable	passable	passable
Qualité de la paille...............	passable	passable	passable	passable
Qualité de la graine...............	passable	passable	passable	passable
Valeur { des 100 kil. de graine.....	41.50	42 fr.	33.50	34 fr.
marchande. { des 100 kil. de lin battu ...	20 fr.	20 fr.	15 fr.	15 fr.

Moyenne des rendements en paille à l'hectare.

Fumure d'essai .... 4063 kil.
Fumure témoin......... 3961 »
Pskoff................. 4155 kil.
Riga.................. 3869 »

Rendements au rouissage et au teillage :

	Rendement de 5 kil. de lin		Rendement de 100 kilogr. de lin roui en lin teillé.	Rendement de 100 kilogr. de lin battu en lin teillé.	Valeur marchande du lin teillé.
	Après rouissage	Après teillage.			
					fr.
Pskoff (2)...........	4.00	0.800	20 »	16 »	68 (petite chaîne)
Pskoff (3)...........	3.900	0.780	20 »	15.60	50 (d°)
Riga (4)............	3.900	0.700	17.94	14 »	65 (d°)
Riga (1)............	3.500	0.800	22.86	16 »	65 (d°.)

M. L. HEELE, à Noordpeene.

Contenance totale .... 40 ares
Contenance des parcelles .... 10 ares
Nombre de parcelles : 4

Nature du sol. — Argilo-Siliceux.

Plantes précédentes. — En 1889 : Trèfle avec fumier. En 1890 : Blé fumé. Dernier lin : 1879.

Nature des essais :

VARIÉTÉS.. { Lin de Sous-Tonne de Riga (parcelles 3 et 4)
{ Lin de Pskoff amélioré russe Vilmorin (parcelles 1 et 2)

FUMURES...

Fumure témoin (parcelles 2 et 4)
- Superphosphates... 900 kil. à l'hectare
- Nitrate de soude ... 300 kil. d°

Dépense à l'hect. 150 fr.

Fumure d'essai (parcelles 1 et 3)
- Tourteaux de sésame 400 kil. à l'hect.
- Superphosphates...... 500 kil. d°
- Sulfate de potasse .... 200 kil. d°
- Sulfate d'ammoniaque 80 kil. d°
- Nitrate de soude...... 100 kil. d°

Dépense à l'hect. 186 fr. 20.

Epandage des engrais. — Les tourteaux, superphosphates, sulfate de potasse ont été enfouis par le labour. La moitié du nitrate et du sulfate d'ammoniaque ont été semés en couverture après les semailles, la seconde moitié à la levée.

Semailles. — Le 4 mars.

Levée. — Le 15 mars pour le Pskoff et le 19 mars pour la sous-tonne de Riga. Elle s'est effectuée dans de bonnes conditions pour les 2 variétés.

Végétation. — Le Pskoff a pris beaucoup d'avance, mais au mois de mai sa végétation se ralentissait beaucoup. La fumure d'essai donnait une végétation plus active, qui ne fut entravée que par les pluies et les orages du 7 juillet qui firent verser toutes les parcelles.

Rendements :

	Pskoff.		Riga (sous tonne).	
	Fumure témoin	Fumure d'essai	Fumure témoin	Fumure d'essai
Numéros des parcelles	2	1	4	3
Contenance des parcelles	10 ares	10 ares	10 ares	10 ares
Poids de la graine à l'hectare	730	700	820	770
Poids de la paille et des balles à l'hectare	5510	5350	6120	6480
Hauteur moyenne des tiges	1m02	1m08	1m07	1m09
Résistance à la verse	mauvaise	mauvaise	passable	passable
Précocité	bonne	bonne	bonne	bonne
Couleur à la maturation	passable	passable	passable	passable
Qualité de la paille	passable	passable	passable	passable
Qualité de la graine	bonne	bonne	bonne	bonne
Valeur marchande des 100 kil. de graine	25 fr.	25 fr.	26 fr.	26 fr.
des 100 kil. de lin battu	12 fr. 25	12 fr.	12 fr. 50	12 fr. 50

Moyenne des rendements en paille à l'hectare.

Fumure d'essai .... 5915 kil.
Fumure témoin .... 5815 »
Pskoff .... 5430 kil.
Riga .... 6300 »

M. Alfred LESAFFRE, à Comines

Contenance totale .... 40 ares
Contenance des parcelles .... 10 ares
Nombre des parcelles : 4.

Sol. — Limon-argilo-siliceux.

Plantes précédentes. — En 1889 : Hivernage ; en 1890 : Avoine. Dernier lin en 1883.

VARIÉTÉS. Lin de Tonne de Riga (parcelles 2 et 4). Lin de Pskoff amélioré russe Vilmorin (parcelles 1 et 3).

FUMURES. Fumure témoin (parcelles 3 et 4) : Superphosphates 125 kil. à l'hect. / Tourteaux de chanvre 1500 kil. do / Purin 250 hect. do — Dépense à l'hect. 200 fr.

Fumure d'essai (parcelles 1 et 2) : Tourteaux de sésame 550 kil. à l'hect. / Superphosphates 400 kil. do / Sulfate de potasse 250 kil. do / Sulfate d'ammoniaque 100 kil. do — Dépense à l'hect. 198 fr. 60

Épandage des engrais. — Les tourteaux, les superphosphates, le sulfate de potasse enfouis par le labour.

Le sulfate d'ammoniaque semé en couverture en 2 fois.

La 1re moitié après les semailles, la seconde moitié à la levée.

Semailles. — Les 2 lins furent semés le 31 mars.

Levée. — Régulière pour les 2 variétés ; 15 avril pour le Pskoff et le 16 pour la tonne de Riga.

Végétation. — Le Pskoff, comme d'habitude, prit l'avance et la conserva, et la fumure d'essai donna plus de végétation.

L'aspect du champ était magnifique dans les derniers jours de juin, mais aux premières pluies, le Pskoff tomba, et ne se releva plus, après les orages du 7 juillet, toutes les parcelles étaient versées. — A partir de cette époque, le Pskoff perdit de jour en jour toute sa qualité, et l'on fut obligé de l'arracher le premier.

La maturation des lins de Riga fut au contraire meilleure.

Rendements :

	Pskoff.		Riga (de tonne).	
	Fumure témoin	Fumure d'essai	Fumure témoin	Fumure d'essai
Numéros des parcelles...................	4	2	3	1
Contenance des parcelles.................	10 ares	10 ares	10 ares	10 ares
Poids de la graine à l'hectare............	240	180	460	410
Poids de la paille et des balles à l'hectare...	6560	5970	6770	6680
Hauteur moyenne des tiges...............	1.18	1.13	1.08	1.06
Résistance à la verse...................	bonne	bonne	bonne	bonne
Précocité............................	précoce	précoce	moyenne	moyenne
Couleur à la maturation	bonne	bonne	bonne	bonne
Qualité de la paille....................	bonne	passable	bonne	bonne
Qualité de la graine...................	bonne	passable	bonne	bonne
Valeur { des 100 kil. de graine.......	28	26	30	30
marchande { des 100 kil. de lin battu.....	15.75	15	16.50	16

Moyennes des rendements en paille à l'hectare.

Fumure d'essai............	6325 kil.
Fumure témoin............	6665 »
Pskoff...................	6765 »
Riga....................	6725 »

Rendements en lin roui et teillé :

	Rendement de 5 kil. de lin.		Rendement de 100 kilog. de lin roui en lin teillé.	Rendement de 100 kilog. de lin battu en lin teillé.	Valeur marchande du lin teillé.
	après rouissage.	après teillage.			fr.
Pskoff (2)............	—	0.300	30	6	95
Pskoff (4)............	—	0.280	28	5.6	95
Riga (1)............	—	0.310	31	6.2	90
Riga (3)............	—	0.400	28.57	8	90

M. LOISEL, à Carnières,

Contenance totale.................. 40 ares.
Contenance des parcelles........... 10 ares.
Nombre des parcelles : 4.

Nature du sol. — Argilo-siliceux.

Plantes précédentes — En 1889, betteraves ; en 1890, blé ; dernier lin en 1865.

Nature des essais :

VARIÉTÉS.. { Lin de Touné de Riga (parcelles 2 et 4).
Lin de Pskoff amélioré russe Vilmorin (parcelles 1 et 3).

FUMURES...

Fumure témoin (parcelles 3 et 4). { Tourteaux... .... 1500ᵏ à l'hect. } Dépense à l'hect. 264 fr.
Nitrate............,...... 120ᵏ —

Fumure d'essai (parcelles 1 et 2). { Tourteaux de sésame.. 500ᵏ à l'hect. } Dépense à l'hect. 186 fr. 40
Superphosphate........ 300ᵏ —
Sulfate de potasse..... 200ᵏ —
Sulfate d'ammoniaque. 80ᵏ —
Nitrate de soude...... 100ᵏ —

Epandage des engrais. — Les tourteaux, les superphosphates et le sulfate de potasse ont été enfouis à l'extirpateur. La moitié du nitrate et du sulfate d'ammoniaque a été semée en couverture à la semaille, et la seconde moitié à la levée.

Semailles. — 15 avril.

Levée. — Pskoff, 1er mai. Riga, 3 mai. — Elle s'est faite dans de bonnes conditions.

Végétation. — Le Pskoff prit de l'avance et la conserva, la supériorité de la fumure d'essai ne se montra que dans le courant du mois de juin.

Le 24 juin, les lins des 4 parcelles furent culbutés.

On remarquait que malgré leur taille les lins de la fumure d'essai conservaient une meilleure couleur.

Rendements :

	Pskoff.		Riga (de tonne).	
	Fumure témoin	Fumure d'essai	Fumure témoin	Fumure d'essai
Numéros des parcelles	**3**	**1**	**4**	**2**
Contenance des parcelles	10 ares	10 ares	10 ares	10 ares
Poids de la graine à l'hectare	360	340	380	320
Poids de la paille à l'hectare	3820	3610	2890	3820
Hauteur moyenne des tiges	0.99	0.95	0.84	0.81
Résistance à la verse	bonne	bonne	passable	passable
Précocité	précoce	précoce	tardive	tardive
Couleur à la maturation	bonne	passable	passable	passable
Qualité de la paille	passable	passable	passable	passable
Qualité de la graine	bonne	bonne	passable	passable
Valeur marchande { des 100 kil. de graine	27 fr.	27 fr.	27 fr.	27 fr.
{ des 100 kil. de lin battu	8 fr.	8 fr.	7 fr.	7 fr.

Moyenne des rendements en paille à l'hectare.

Fumure d'essai......... 3220 kil.
Fumure témoin .... 3355 »

Pskoff .... 3715 kil.
Riga .... 3860 »

Rendements en lin roui et teillé :

	Rendement de 5 kil. de lin.		Rendement de 100 kilogr. de lin roui en lin teillé.	Rendement de 100 kilogr. de lin battu en lin teillé.	Valeur marchande du lin teillé.
	Après rouissage.	Après teillage.			
					fr.
Pskoff (1)	3.100	0.450	14.51	9 »	60 (petite chaîne)
Pskoff (2)	3.400	0.460	13.58	9.20	55 (d°)
Riga (3)	2.300	0.400	17.39	8 »	60 (d°)
Riga (4)	2.300	0.300	13.04	6 »	65 (d°)

M. MICHEL, à St-Pierrebroucq.

Contenance totale .... 40 ares
Contenance des parcelles .... 10 ares
Nombre de parcelles : 4.

Nature du sol. — Siliceo-argileux.

Plantes précédentes. — En 1889 : Blé sur jachère; en 1890 : Avoine. Dernier lin en 1880.

Nature des essais :

VARIÉTÉS.. { Lin de Sous tonne de Riga (parcelles 1 et 3)
Lin de Pskoff amélioré russe Vilmorin (parcelles 2 et 4).

FUMURES.. {

Fumures témoin (parcelles 1 et 2) { Tourteaux de pavot.. 1000 kil. à l'hect.
Nitrate de soude..... 225 kil. d° } Dépense à l'hect. 186 fr.

Fumure d'essai (parcelles 3 et 4) { Tourteaux de sésame. 500 kil. à l'hect.
Superphosphates ..... 300 kil. d°
Sulfate de potasse .... 200 kil. d°
Sulfate d'ammoniaque 80 kil. d°
Nitrate de soude:..... 100 kil. d° } Dépense à l'hect. 186 fr. 40.

Épandage des engrais. — Les tourteaux ont été enfouis par le labour, le 15 mars. Les superphosphates et le sulfate de potasse le 24 mars, et enfouis à l'extirpateur. Le sulfate d'ammoniaque et nitrate de soude ont été mis en couverture, la moitié aux semailles l'autre moitié à la levée.

Semailles. — 2 avril.

Levée. — Pskoff, 19 avril. Sous-tonne, le 20 avril. La levée a été très bonne.

Végétation. — La végétation a été très bonne jusqu'à la fin de juin. Le Pskoff était beaucoup plus avancé, mais l'influence des engrais ne se vit que plus tard. Toutes les parcelles versèrent le 27 juin, sauf la parcelle n° 3 (Sous-Tonne et engrais d'essai) et les lins les plus forts devinrent les moins avantageux.

Rendements :

	Pskoff		Riga (Sous tonne)	
	Fumure témoin	Fumure d'essai	Fumure témoin	Fumure d'essai
Numéros des parcelles..................	2	4	1	3
Contenance des parcelles...............	10 ares	10 ares	10 ares	10 ares
Poids de la graine à l'hectare...........	370	350	700	650
Poids de la paille à l'hectare............	7.250	5.000	6.000	5.500
Hauteur moyenne des tiges	1 mètre	1 mètre	0.90	0.85
Résistance à la verse	passable	passable	bonne	bonne
Précocité	précoce	précoce	moyenne	moyenne
Couleur à la maturation	bonne	bonne	bonne	bonne
Qualité de la paille....................	bonne	bonne	bonne	bonne
Qualité de la graine....	bonne	bonne	bonne	bonne
Valeur { des 100 kil. de graine.......	30 fr.	30 fr.	30 fr.	30 fr.
marchande { des 100 kil. de lin battu.....	12 fr.	12 fr.	12 fr.	12 fr.

Moyennes des rendements en paille à l'hectare................

{
Fumure d'essai........... 5250 kil.
Fumure témoin........... 5675 »
Pskoff................. 5125 kil.
Riga.................. 5750 »
}

	Rendement de 5 kil. de lin.		Rendement de 100 kilogr. de lin roué en lin teillé.	Rendement de 100 kilogr. de lin battu en lin teillé	Valeur marchande du lin teillé.
	Après rouissage	Après teillage.			
					fr.
Pskoff (2)............	4.000	1,050	26.25	21 »	80 (bonne chaîne)
Pskoff (4)............	3.000	0.850	28.33	17 »	80 (petite chaîne)
Riga (1)..............	3.200	0.830	25.93	16.60	»
Riga (3).............	3.200	0.840	26.24	16.80	90 (bonne chaîne)

M. E. MINNE, à St-Pierrebrouck.

Contenance totale....................... 28 ares.
Contenance des parcelles............. 7 ares.
Nombre des parcelles : 4.

Nature du sol. — Siliceo argileux.

Plantes précédentes. — En 1889 : Blé sur jachère ; en 1890 : Trèfle. Dernier lin en 1880.

Nature des essais :

VARIÉTÉS .. { Lin de Sous-Tonne de Riga (parcelles 3 et 4)
{ Lin de Pskoff amélioré russe Vilmorin (parcelles 1 et 2)

FUMURES .. { Fumure témoin (parcelles 2 et 4) { Tourteaux de Ravison. 1000 kil. à l'hect. } Dépense à l'hect. 165 fr.
{ Nitrate de soude...... 225 kil. d°
{ Fumuré d'essai (parcelles 1 et 3) { Tourteaux de Ravison. 1000 kil. à l'hect. } Dépense à l'hect. 195 fr.
{ Sulfate de potasse..... 200 kil. d°
{ Sulfate d'ammoniaque. 100 kil. d

Épandage des engrais. — Les tourteaux ont été enfouis par le labour. — Le sulfate de potasse à l'extirpateur.

Le sulfate d'ammoniaque semé en couverture, moitié aux semailles, moitié à la levée.

Semailles. — 2 avril.

Levée. — 20 avril. — La levée a été excellente pour les 2 variétés.

Végétation. — La végétation des 4 parcelles fut très vigoureuse, mais on ne distingua le Pskoff, et les parcelles à engrais d'essai qu'au mois de juin. — Les orages culbutèrent les lins, et les moins forts furent les plus avantageux. C'est ainsi que la fumure témoin l'emporte sur la fumure d'essai. — Le Pskoff néanmoins donne un excédent de rendement sur le Riga.

Rendements :

	Pskoff.		Riga sous tonne.	
	Fumure témoin	Fumure d'essai	Fumure témoin	Fumure d'essai
Numéros des parcelles	2	1	4	3
Contenance des parcelles	7 ares	7 ares	7 ares	7 ares
Poids de la graine à l'hectare	350	314	485	450
Poids de la paille à l'hectare	6.071	5.730	5.685	5.444
Hauteur moyenne des tiges	0.95	0.95	0.97	0.97
Résistance à la verse	passable	passable	bonne	bonne
Précocité	moyenne	moyenne	moyenne	moyenne
Couleur à la maturation	passable	passable	passable	passable
Qualité de la paille	passable	passable	passable	passable
Qualité de la graine	bonne	bonne	bonne	bonne
Valeur marchande. { des 100 kil. de graine	30 fr.	30 fr.	30 fr.	30 fr.
{ des 100 kil. de lin battu	13 fr.	13 fr.	12 fr.	12 fr.

Moyenne des rendements en paille à l'hectare ....
{
Fumure d'essai .... 5.587 kil.
Fumure témoin. .... 5.878 kil.
Pskoff .... 5.900 kil.
Riga .... 5.564 kil.
}

	Rendement de 5 kil. de lin		Rendement de 100 kilogr. de lin roui en lin teillé.	Rendement de 100 kilogr. de lin battu en lin teillé.	Valeur marchande du lin teillé.
	Après rouissage	Après teillage			
					fr.
Pskoff (1)	1.550	0.400	25.80	8	110 (forte chaîne)
Pskoff (2)	1.350	0.350	25.92	7	80 (bonne chaîne)
Riga (3)	2.150	0.560	26.04	11.2	85 (d°)
Riga (4)	1.500	0.375	23	7.5	60 (petite chaîne)

M. PIQUE-RAVIART, à Lecelles.

Contenance totale .... 54 ares.

Contenance des parcelles .... 9 ares.

Nombre des parcelles : 6.

Nous avions établi chez M. Pique-Raviart un champ d'expériences où trois fumures étaient en comparaison avec les lins de Pskoff et de Riga. Ces trois fumures étaient :

1° La fumure aux tourteaux et nitrate du pays ;

2° La fumure aux engrais chimiques potassiques ;

3° La fumure aux engrais chimiques potassiques et tourteaux.

Cet essai était fort bien réussi et intéressant. Malheureusement, les 6 parcelles n'ont pas été récoltées et pesées séparément, on n'a prélevé pour le Comité linier que des échantillons pesés en vert, et représentant la récolte de 10 mètres carrés.

M. REMY-REUMAUX, à Wemaers-Cappel.

Un champ avait été installé chez feu M. Remy-Reumaux, et l'on devait y comparer le lin de Tonne de Pskoff, aux lins de Sous-Tonne et de Tonne de Riga, en même temps que deux fumures différentes.

Nos instructions n'ont pas été suivies, par suite d'un malentendu ;

on a semé les lins de Tonne et de Sous-Tonne avec la fumure témoin, et le lin de Pskoff avec la fumure d'essai.

Dans ces conditions les essais ne présentaient plus aucun intérêt, nos expériences n'ayant qu'un caractère comparatif.

M. ROUSSEL, à Comines.

Contenance totale.................... 70 ares.
Contenance des parcelles............ 17 a. 50.
Nombre des parcelles : 4.

Nature du sol. — Argileux.

Plantes précédentes. — En 1889, betteraves suivant tabac ; en 1890, blé ; dernier lin, 1882.

Nature des essais :

VARIÉTÉS.. { Lin de Tonne de Riga (parcelles 3 et 4).
{ Lin de Pskoff amélioré russe Vilmorin (parcelles 1 et 2).

FUMURES..

Fumure témoin (parcelles 2 et 4).	Tourteaux de chanvre.	1100ᵏ· à l'hect.	Dépense à l'hect. 172 fr.
Fumure d'essai (parcelles 1 et 3).	Purin................		
	Tourteaux de sésame.	200ᵏ· à l'hect.	Dépense à l'hect. 164 fr. 60
	Superphosphates......	400ᵏ· —	
	Sulfate de potasse.....	200ᵏ· —	
	Sulfate d'ammoniaque.	100ᵏ· —	

Épandage des engrais — Les tourteaux, les superphosphates, le sulfate de potasse ont été enfouis par le labour.

Le sulfate d'ammoniaque a été semé en couverture après les semailles·

Semailles. — 4 avril.

Levée. — 28 avril. La levée a été régulière et belle.

Végétation. — La végétation a été bonne dans toutes les parcelles. Le Pskoff était plus fort que le Riga et les engrais d'essai tenaient la tête. Les lins de ces dernières parcelles avaient une meilleure couleur. L'orage du 1ᵉʳ juillet fit verser les 4 parcelles. Le Pskoff étant plus élevé culbuta le premier.

Rendements :

	Pskoff		Riga	
	Fumure témoin	Fumure d'essai	Fumure témoin	Fumure d'essai
Numéros des parcelles....................	**2**	**1**	**4**	**3**
Contenance des parcelles................	17 a.50	17 a.50	17 a.50	17 a.50
Poids de la graine à l'hectare...........	292.50	225	517.50	551.25
Poids de la paille à l'hectare............	6660	6783	5878	6142
Hauteur moyenne des tiges.............	0.98	1.04	0.92	1 mètre
Résistance à la verse...................	passable	passable	bonne	bonne
Précocité.............................	précoce	précoce	moyenne	moyenne
Couleur à la maturation................	passable	passable	bonne	bonne
Qualité de la paille....................	passable	passable	bonne	bonne
Qualité de la graine...................	passable	passable	bonne	bonne
Valeur { des 100 kil. de graine......	28 fr.	28 fr.	30 fr.	30 fr.
marchande { des 100 kil. de lin battu.....	21 fr.	20 fr.	29 fr.	26 fr

Moyennes des rendements en paille à l'hectare ....
- Fumure d'essai .... 6462 kil.
- Fumure témoin.......... 6269 »
- Pskoff................... 6721 kil.
- Riga..................... 6010 »

Rendements en lin roui et teillé :

	Rendement de 5 kil. de lin		Rendement de 100 kil. de lin roui en lin teillé	Rendement de 100 kil. de lin battu en lin teillé	Valeur marchande du lin teillé
	Après rouissage	Après teillage			
Pskoff (1)............	3.700	0.760	20.54	15.2	75 fr.
Pskoff (2)............	3.500	0.750	21.42	15.0	80 fr.
Riga (3)............	3.500	0.840	24	16.8	90 fr.
Riga (4)............	3.500	0.760	24.71	15.2	98 fr.

M. A. POTIER, à Warlaing.

Contenance totale..................................... 40 ares.
Contenance des parcelles............................. 10 »
Nombre des parcelles : 4.

Nature du sol. — Argileux.

Plantes précédentes. — En 1889 : blé ; en 1890 : avoine.

Dernier lin : 1884.

Nature des essais. — Le champ était disposé de la même façon que les autres, c'est-à-dire, 2 fumures et 2 variétés.

M. Potier a, par erreur, mis sur les 4 parcelles l'engrais témoin et l'engrais d'essai. Dans ces conditions, la fumure était beaucoup trop forte, pour une année humide surtout ; il en est résulté une verse générale, surtout pour le Pskoff. La fumure étant la même on peut néanmoins donner les produits des 2 variétés.

	Pskoff.	Riga.
Numéros des parcelles............................	1 et 3	2 et 4
Contenance des parcelles........................	24 ares 46	24 ares 23
Poids de la graine à l'hectare..................	212 kil. 590	526 kil. 200
Poids de la paille à l'hectare..................	4047	4498
Hauteur moyenne des tiges......................	1.10	0.95
Résistance à la verse	moyenne	moyenne
Précocité......................................	tardive	tardive
Couleur à la maturation........................	passable	passable
Qualité de la paille............................	passable	passable
Qualité de la graine............................	bonne	bonne
Valeur { des 100 kil. de graine.............	29 fr.	29 fr.
marchande { des 100 kil. de lin battu.........	13 fr.	13 fr.

Rendements au rouissage et au teillage :

	Rendement de 5 kil. de lin.		Rendement de 100 kilogr. de lin roui en lin teillé.	Rendement de 100 kilogr. de lin battu en lin teillé.	Valeur marchande du lin teillé.
	Après rouissage	Après teillage.			
					fr.
Pskoff...............	3.600	0.830	23.05	16.60	95 (bonne chaîne)
Riga.................	1.350	0.400	29.62	8 »	65 (id.)

M. Henri VERMERSCH, à Hondschoote.

Contenance totale .... 91 ares 62
Contenance des parcelles.................... 15 ares 16
Nombre de parcelles : 6

Nature du sol. — Argilo-siliceux.

Plantes précédentes. — En 1887 : Trèfle ; en 1890 : Blé.

Dernier lin en 1871.

Nature des essais :

VARIÉTÉS.. { Lin de sous-tonne, de Riga (parcelles 3 et 6)
Lin de Pskoff amélioré russe Vilmorin (parcelles 2 et 5)
Lin de Pskoff de sous-tonne, provenant de M. Legrand de
Spycker (parcelles 1 et 4).

FUMURES...

Fumure témoin (parcelles 4, 5, 6.)	Superphosphates ...... 700 kil. à l'hect. Purin.............. 120 hectol. d°		Dépense à l'hect. 130 fr.
Fumure d'essai (parcelles 1, 2, 3.	Tourteaux de sésame... 300 kil. à l'hect. Superphosphates .... 300 kil. d° Sulfate de potasse ...... 100 kil. d° Sulfate d'ammoniaque.. 80 kil. d° Nitrate de soude .... 100 kil. d°		Dépense à l'hect. 133 fr. 40.

Épandage des engrais. — Les tourteaux et le superphosphate ont été enfouis à l'extirpateur.

Le sulfate d'ammoniaque et le nitrate de soude ont été semés moitié aux semailles, moitié à la levée.

Le sulfate de potasse, par erreur, a été semé en couverture.

Semailles. — 7 mars.

Levée. — 6 avril : Elle s'est régulièrement faite.

Végétation. — Les Pskoff ont eu une végétation plus vigoureuse, et étaient plus longs que les Riga. — La verse leur a fait aussi plus de mal.

La végétation donnée aux lins par l'engrais témoin, a été meilleure, la couleur était moins foncée. Nous pensons que ces résultats proviennent d'abord de ce que le sulfate de potasse a été semé en couverture au lieu d'être enfoui, ensuite de ce que l'on n'a appliqué qu'une partie de la dose, et qu'enfin on a remplacé la demi-dose réservée, par du nitrate de soude.

Rendements :

	Pskoff (tonne).		Riga (sous tonne).		Pskoff (sous tonne).	
	Fumure témoin	Fumure d'essai	Fumure témoin	Fumure d'essai	Fumure témoin	Fumure d'essai
Numéros des parcelles......	**5**	**2**	**6**	**3**	**4**	**1**
Contenance des parcelles	15 a. 16	15 a. 16	15 a. 16	15 a. 16	15 a. 16	15 a. 16
Poids de la graine à l'hectare.	316	248	587	336	277	241
Poids de la paille battue et rouie à terre............	5587	4947	5171	4716	5079	4742
Hauteur moyenne des tiges ..	1.10	1.05	0.95	0.95	1.10	1.05
Résistance à la verse........	bonne	passable	bonne	passable	bonne	passable
Précocité...............	moyenne	moyenne	moyenne	moyenne	moyenne	moyenne
Couleur à la maturation	bonne	mauvaise	bonne	mauvaise	bonne	mauvaise
Qualité de la paille.........	bonne	passable	bonne	passable	bonne	passable
Qualité de la graine........	mauvaise	mauvaise	mauvaise	mauvaise	mauvaise	mauvaise
Valeur marchande. des 100 kil. de graine........	27 fr.	27 fr.	27 fr.	27 fr.	27 fr.	27 fr.
des 100 kil. lin battu.......	20 fr. 50	18 fr.	19 fr.	16 fr.	20 fr. 50	18 fr.

Moyennes des rendements en paille à l'hectare
- Fumure d'essai......... 4801 kil.
- Fumure témoin .... 5279 »
- Pskoff (sous tonne) .... 4910 »
- Pskoff (tonne)......... 5267 »
- Riga.................. 4943 »

M. Alfred VERMESCH, à Saint-Pierrebroucq.

Contenance totale............................. 40 ares.
Contenance des parcelles .... 10 ares.
Nombre des parcelles : 4.

Nature du sol. — Argileux.

Plantes précédentes. — En 1889 : Blé ; En 1890 : Trèfle. Dernier lin en 1882.

Nature des essais :

VARIÉTÉS.. { Lin de Sous-Tonne de Riga (parcelles 3 et 4)
Lin de Pskoff amélioré russe Vilmorin (parcelles 1 et 2)

FUMURES ..	Fumure témoin (parcelles 2 et 3)	Tourteaux de colza.... 1000 kil. à l'hect. Nitrate de soude........ 150 kil. d°		Dépense à l'hect. 150 fr.
	Fumure d'essai (parcelles 1 et 4)	Tourteaux de sésame.. 300 kil. à l'hect. Superphosphates ..... 300 kil. d° Sulfate de potasse..... 200 kil. d° Sulfate d'ammoniaque. 80 kil. d° Nitrate de soude...... 80 kil. d°		Dépense à l'hect. 154 fr. 40

Épandage des engrais. — Les tourteaux, superphosphates et sulfate de potasse, ont été enfouis à l'extirpateur.

Le sulfate d'ammoniaque et le nitrate de soude ont été mélangés et semés, moitié à la semaille, moitié à la levée.

Semailles. — 4 avril.

Levée. — 20 avril pour le Pskoff, et 21 pour la sous-Tonne de Riga. La levée a été très bonne.

Végétation. — Le Pskoff a pris et conservé beaucoup d'avance de taille. A la fin de juin, la parcelle, (Pskoff et engrais d'essai) était beaucoup plus forte. C'est ce qui lui a nui : Les orages ont culbuté les lins qui avaient le plus de taille, et ce sont eux qui sont devenus les moins avantageux.

Rendements :

	Pskoff.		Riga (sous tonne).	
	fumure témoin	fumure d'essai	fumure témoin	fumure d'essai
Numéros des parcelles................	**2**	**1**	**3**	**4**
Contenance des parcelles.............	10 ares	10 ares	10 ares	10 ares
Poids de la graine à l'hectare...........	410 kil.	370 kil.	714 kil.	784 kil.
Poids de la paille et des balles à l'hectare.	5580 kil.	5400 kil.	6260 kil.	6300 kil.
Hauteur moyenne des tiges.............	1m05	1m02	1m »	1m »
Résistance à la verse....................	passable	passable	bonne	bonne
Précocité..............................	précoce	précoce	moyenne	moyenne
Couleur à la maturation................	bonne	passable	bonne	bonne
Qualité de la paille....................	bonne	bonne	bonne	bonne
Qualité de la graine...................	passable	passable	bonne	bonne
Valeur marchande { des 100 kil. de graine......	30 fr.	30 fr.	30 fr.	30 fr.
des 100 kil. de lin battu ...	11 fr. 50	11 fr.	12 fr. 50	12 fr. 50

Moyenne des rendements en paille à l'hectare.	Fumure d'essai.........	5850 kil.
	Fumure témoin........	5920 »
	Pskoff.................	5490 »
	Riga...................	6280 »

Rendements au rouissage et au teillage :

	Rendement de 5 kil. de lin		Rendement de 100 kilogr. de lin roui en lin teillé.	Rendement de 100 kilog. de lin battu en lin teillé.	Valeur marchande du lin teillé.
	Après rouissage	Après teillage			
					fr.
Pskoff (1).........	3.530	0.850	24.28	17. »	70 (chaîne forte, très dur et très fort)
Pskoff (2).........	2.250	0.750	23.07	15. »	75 (grosse chaîne)
Riga (3)...........	3.600	0.750	20.83	15. »	»
Riga (4)...........	3.400	0.700	20.58	14. »	65 (chaîne)

M. A. WAYMEL, à Aix.

Contenance totale....... .... 56 ares.
Contenance des parcelles .... 14 ares.
Nombre des parcelles : 4.

Nature du sol. — Argileux.

Plantes précédentes. — En 1889, blé du fumier; en 1890, avoine; dernier lin, 1883.

Nature des essais :

VARIÉTÉS.. { Lin de Tonne de Riga (parcelles 3 et 4).
Lin de Pskoff amélioré russe Vilmorin (parcelles 1 et 2).

FUMURES...

Fumure témoin (parcelles 2 et 4.) { Purin : .... 200ᵏ· à l'hect. } Dépense à l'hect. 80 fr.

Fumure d'essai (parcelles 1 et 3). {
Tourteaux de sésame.. 400ᵏ· à l'hect.
Superphosphates........ 400ᵏ· —
Sulfate de potasse...... 200ᵏ· —
Sulfate d'ammoniaque . 80ᵏ· —
Sulfate de soude....... 100ᵏ· —
} Dépense à l'hect. 178 fr. 80

Epandage des engrais. — Les tourteaux, superphosphates, sulfate de potasse, ont été enfouis par le labour.

Le sulfate d'ammoniaque et le nitrate mélangés, ont été semés en couverture, moitié à la semaille, et moitié à la levée.

Semailles. — 17 avril.

Levée. — La levée a été très bonne ; elle a eu lieu le 30 avril pour le Pskoff, le 1ᵉʳ et le 2 mai pour le Riga.

Végétation. — Le Pskoff a pris immédiatement beaucoup d'avance ; il l'a conservée jusqu'au moment des orages, où toutes les parcelles ont été culbutées. Les parcelles 1 et 3 à engrais d'essai, plus fortes eurent le même sort, et devinrent, par suite, les moins productives.

Rendements :

	Pskoff.		Riga (tonne).	
	Fumure témoin	Fumure d'essai	Fumure témoin	Fumure d'essai
Numéros des parcelles..................	2	1	4	3
Contenance des parcelles	14 ares	14 ares	14 ares	14 ares
Poids de la graine à l'hectare..........	100	86	292	228
Poids de la paille à l'hectare	4.128	4.142	4.728	4.071
Hauteur moyenne des tiges	1.07	1.12	1ᵐ	1.03
Résistance à la verse	passable	passable	passable	passable
Précocité	précoce	précoce	moyenne	moyenne
Couleur à la maturation...............	bonne	bonne	bonne	bonne
Qualité de la paille	bonne	passable	bonne	passable
Qualité de la graine..................	bonne	passable	bonne	passable
Valeur marchande. des 100 kil. de graine......	30 fr.	30 fr.	30 fr.	30 fr.
Valeur marchande. des 100 kil. de lin battu.....	11 fr. 50	7 fr.	12 fr. 50	9 fr.

Moyennes des rendements en paille à l'hectare ....

Fumure d'essai	....	4.107 kil.
Fumure témoin	....	4.428 kil.
Pskoff	....	4.135 kil.
Riga	....	4.399 kil.

	Rendement de 5 kil. de lin.		Rendement de 100 kilogr. de lin roui en lin teillé.	Rendement de 100 kilogr. de lin battu en lin teillé.	Valeur marchande du lin teillé.
	Après rouissage	Après teillage			
Pskoff (1).........	3.650	0.600	16.43	12.00	60 (petite chaine)
Pskoff (2)............	4.900	1.500	20.61	30.00	70 (dᵒ)
Riga (3)............	3.800	0.690	18.45	19.50	65 (dᵒ)
Riga (4)............	4.700	1.050	22.34	21.00	75 (dᵒ)

Champs de démonstration de variétés.

M. J. BAEY, à Strazeele.

Lin de Riga........................ 65 ares
Lin de Pskoff amélioré-russe......... 5 ares.

Nature du sol. — Argileux.

Cultures précédentes. — Blé, féveroles et blé.
Dernier lin, 1881.

Semailles. — 6 mars.

Levée. — Commencement d'avril.

Végétation. — M. Baey n'a pas vu énormément de différence au commencement de la végétation des deux variétés. Il a cependant remarqué que le Pskoff a toujours eu meilleure couleur, qu'il est plus long, et que sa tige très fine lui donne beaucoup de qualité. Malheureusement ses lins sont devenus trop forts, et ont été culbutés. Les chiffres de la pesée ne nous ont pas été transmis.

M. BOURBOTTE, à Bachy.

Lin de Riga (tonne)................... 1 hectare
Lin de Riga (sous-tonne).............. 2 ares 90
Lin de Pskoff amélioré-russe.......... 2 ares 90

Nature du sol. — Argilo-silicieux.

Plantes précédentes. — Chicorée en 1889 et avoine en 1890.

Fumures. — 1200 kil. à l'hectare d'engrais spécial de M. Dérôme de Bavai.

Semailles. — 29 Mars.

Levée. — 15 avril. Le Pskoff a eu une levée plus régulière, et la sous tonne une levée plus tardive.

Végétation. — Le Pskoff a toujours été plus avancé. Voici ce que M. Bourbotte nous écrivait au sujet de cette variété :

« Le Pskoff est un lin qui a beaucoup de finesse, plus sensible à la verse que la tonne de Riga ; il a cependant assez bien résisté aux pluies et aux orages, mais vers la maturité, il a fléchi sensiblement ; j'ai remarqué beaucoup de tiges sèches qui lui ont fait perdre du poids. Pour moi, c'est une variété qu'il y aurait lieu d'acclimater, en laissant reposer la graine pour semer l'année suivante. »

Rendements en paille. — Riga (tonne) . . . . 6000 kil. à l'hectare.
       »   Riga (sous tonne) . 5500 kil.   »
       »   Pskoff . . . . . . 5000 kil.   »

Rendements au rouissage et au teillage :

	Rendement de 5 kil. de lin.		Rendement de 100 kilogr. de lin roui en lin teillé.	Rendement de 100 kilogr. de lin battu en lin teillé.	Valeur marchande du lin teillé.
	après rouissage	après teillage.			
Riga (tonne)	3.900	0.850	21.79	17	fr. 95
Riga (sous tonne)	3.600	0 800	22.32	16	85
Pskoff	4.000	0.700	17.50	14	75

M. CARLIER-BAILLY, à Cantin.

Lin de Riga (tonne) . . . . , ... 87 ares.
Lin de Pskoff amélioré russe . . . . 5 ares.

Nature du sol. — Argilo-calcaire.

Plantes précédentes. — 1889 : betteraves ; 1890 : blé.
                           Dernier lin : 1876.

Fumure. — Nitrate de soude . . . . . 200 kil.
      »   Sulfate d'ammoniaque. . . 150 kil.
      »   Sulfate de potasse. . . . . 200 kil.   à l'hectare.
      »   Phosphates minéraux . . . 800 kil.

Les engrais ont été épandus 8 jours avant les semailles, et enfouis à l'extirpateur.

Semailles. — 12 avril.

Levée. — Bonne. Elle s'est effectuée le 20 avril.

Végétation. — Le lin de Pskoff devint plus fort ($1^m 10$) que le Riga ($0^m 95$) et chose curieuse résista mieux à la verse. Mais il fut lui-même culbuté aux derniers orages.

L'arrachage des lins a eu lieu le 10 juillet, et ils furent vendus en graines à 0 fr. 85.

Rendements. — Lin de Riga . . . 6000 kil. à l'hectare.
    »   Lin de Pskoff. . . 6500 kil.   »

Rendements au rouissage et au teillage :

	Rendement de 5 kil. de lin.		Rendement de 100 kilogr. de lin roui en lin teillé.	Rendement de 100 kilogr. de lin battu en lin teillé.
	après rouissage.	après teillage.		
Riga..................	2.500	0.600	24	10
Pskoff................	2.200	0.375	17.04	7.5

M. DUFRESNOY, à Lecelles.

Lin de Riga....................... 5 ares 50
Lin de Pskoff..................... 5 ares 50

Nature du sol. — Argilo-calcaire.

Plantes précédentes. — En 1889, blé ; en 1890, avoine.
       Dernier lin : 1880.

Fumure. —   90 hect. de purin   ⎫
     150 kil. tourteaux   ⎬ à l'hectare.
     500 kil. engrais chimiques ⎭

Semailles. — 5 mars.

Levée. — 30 mars pour le Riga et 28 mars pour le Pskoff ; elle a été particulièrement bonne pour le Pskoff, mais un peu lente pour le Riga.

Végétation. — Voici ce que M. Dufresnoy nous écrivait au sujet de la végétation du lin de Pskoff :

« Le lin de Pskoff dès sa levée s'élance beaucoup plus vite que celui de Riga, et sa levée ne languit pas autant que celle de ce dernier.

Comme résultat définitif à la maturité, il est à peu près le même, mais le lin de Riga est plus branchu et plus gros que celui de Pskoff. La valeur du lin de Pskoff compense largement le rendement supérieur en graines du Riga. La filasse du Pskoff est de beaucoup supérieure à celle des lins que j'ai récoltés jusqu'à ce jour.

A mon avis, la culture de notre contrée pourrait obtenir de bons résultats au moyen de cette variété, si l'on parvient à obtenir un rendement un peu plus élevé en lin battu. »

Rendements à l'hectare :

	Graine.	Lin battu.	Valeur marchande	
			de la graine.	du lin battu.
Riga	636	4.500	25 fr.	15 fr.
Pskoff	549	4.230	25 fr.	17 fr. 50

M. Hector DUPIRE, à Rosult.

Lin de tonne de Riga	52 ares
Lin de Pskoff amél. russe	8 ares

Nature du sol. — Limon argilo-siliceux.

Plantes précédentes. — En 1889 : Blé. — En 1890 : Avoine. Dernier lin : 1871.

Fumure. — Fumier, purin et nitrate de potasse. Le fumier a été mis avant l'hiver.

Semailles. — 2 avril.

Levée. — 12 avril pour le Pskoff et le 14 pour le Riga.

Végétation. — Le lin de Pskoff a pris immédiatement l'avance, et l'a conservée. Sa couleur était plus jaunâtre, sa taille beaucoup plus forte et sa qualité plus grande que chez le Riga. On ne rencontrait chez le Pskoff aucune trace de brûlure. M. Dupire ne reproche qu'une chose à cette variété, c'est de ne produire que peu de graine.

La récolte eut lieu du 2 au 5 juillet.

Rendements :

	Graine à l'hectare	Lin battu à l'hectare	Valeur marchande aux 100 kil.	
			de la graine	du lin battu
Riga.............	625 litres	3500 kil.	28 fr. 50	15 fr. 50
Pskoff...................	375 litres	4885 kil.	28 fr. 50	20 fr. »

Rendements au rouissage et au teillage :

	Rendement de 5 kil. de lin		Rendement de 100 kil. de lin roui en lin teillé	Rendement de 100 kil. de lin battu en lin teillé	Valeur marchande du lin teillé
	Après rouissage	Après teillage			
Riga............	3.500	0.800	17.14	16	85 fr. forte chaîne
Pskoff..............	3.700	0.950	25.27	19	

M. DUQUESNOY, *à Toufflers.*

Lin de Riga........................ 5 ares.
Lin de Pskoff..................... 5 ares.

La première partie de la végétation avait été bonne, mais les orages et les pluies ont anéanti la récolte.

M. GAMEZ, *à Morenchies.*

Lin de Riga (tonne).................. 2 hectares.
Lin de Pskoff............. .... 4 ares.

Nature du sol. — Argilo-siliceux.

Plantes précédentes. — En 1889, betteraves, en 1890, blé.
Dernier lin, 1871.

Fumure. — 1,000 k. de tourteaux de chanvre à l'hectare et 100 k. superphosphates.

Semailles. — 22 avril.

Levée. — Du 8 au 12 mai pour le Pskoff, et du 10 au 15 mai pour le Riga.

Végétation. — Tandis que la végétation du Riga était ordinaire, celle du Pskoff était très bonne. « Au 22 juin, nous écrivait M. Gamez, le Pskoff promettait à l'hectare, une plus value de 150 fr. mais les mauvais temps l'ayant fait verser trop tôt, lui ont fait perdre cet avantage, tandis que le lin de Riga est devenu de meilleur rapport. »

L'arrachage a eu lieu le 20 juillet pour le Pskoff, et fin juillet pour le Riga.

Rendements à l'hectare :

	Graine.	Lin battu.	Valeur marchande aux 100 kil.	
			de la Graine.	du Lin battu.
Riga..................	—	6.500 kil.	27 fr. 25	12 fr.
Pskoff..............	—	6.300 »	25 »	9 »

Rendements au rouissage et au teillage :

	Rendement de 5 kil. de lin		Rendement de 100 kilogr. de lin roui en lin teillé.	Rendement de 100 kilogr. de lin battu en lin teillé.	Valeur marchande du lin teillé.
	Après rouissage	Après teillage.			
Riga...........	2.350	0.510	21.70	10.2	fr. 80 (chaîne)
Pskoff.............	2.300	0.500	21.73	10.»	90 (forte chaîne)

M. HERBET-LEGRUE, à Haynecourt.

Lin de Riga................................. 10 ares.
Lin de Pskoff.............................. 10 ares.

« Les deux lins ont végété très vigoureusement, et dès le début, nous écrivait M. Herbet, le Pskoff avait une couleur moins verte,

4

dénotant plus de qualité dans la filasse. Mais un orage survenu brusquement en juin au moment de la floraison, coucha toute la récolte qui ne se releva plus, et pourrit sur place. Il en résulta une filasse de peu de valeur, de 6 à 7 fr. à peine les 100 kil. ; et peu de graine, très maigre, atteignant 4 hectolitres à l'hectare environ. »

Dans ces conditions les chiffres que nous pourrions donner, ne présenteraient aucun intérêt.

Mme Vve LEQUY, à Aibes.

Lin de Riga.......................... 2 hectares 20
Lin de Pskoff......................... 7 ares.

Nature du sol. — Argilo-siliceux.

Plantes précédentes. — En 1889, trèfle ; en 1890, blé.

Fumure. — 300 kil. par hectare d'un engrais composé dosant 5 % azote, 8 % acide phosphorique et 10 % de potasse.

Semailles. — 28 avril.

Levée. — 4 mai pour le Pskoff et 5 mai pour le Riga.

Végétation. — La végétation du Riga a été plus lente. Celle du Pskoff au contraire était plus active. La tige était plus haute et plus fine que celle du Riga, aussi le Pskoff a moins bien résisté à la verse que le Riga, ce qui explique son rendement inférieur.

L'arrachage a eu lieu du 2 au 5 août pour le Riga, et quelques jours avant pour le Pskoff.

Rendements :

	Graine à l'hectare.	Lin battu à l'hectare.	Valeur marchande aux 100 kil.	
			de graine.	de lin battu.
Riga................	610	5510 kil.	25 fr.	9 fr.
Pskoff...............	520	5360 kil.	25 fr.	10 fr.

Rendements au rouissage et au teillage :

	Rendements de 5 kil. de lin.		Rendement de 100 kilogr. de lin roui en lin teillé.	Rendement de 100 kilogr. de lin battu en lin teillé.	Valeur marchande du lin teillé.
	après rouissage	après teillage.			
					fr.
Riga	2.220	0.440	19.81	8.80	80 (trame)
Pskoff	3.300	0.550	16.66	11 »	80 (trame)

M. LESTARQUIS, à Rumegies.

Lin de Riga............................ .... 4 ares
Lin de Pskoff............................. 4 ares

Nature du sol. — Argileux.

Plantes précédentes. — En 1889, blé ; en 1890, avoine.
Dernier lin : 1883.

Fumure. — Engrais chimique composé de sulfate d'ammoniaque, sulfate de potasse, nitrate de soude et phosphates minéraux à la dose de 500 kil. à l'hectare.

Semailles. — 25 mars.

Levée. — Elle s'est effectuée dans de bonnes conditions.—10 Avril.

Végétation. — La végétation du Pskoff était plus vigoureuse.
La récolte eut lieu fin juillet.

Rendements :

	Graine à l'hectare.	Lin battu à l'hectare.	Valeur marchande aux 100 kil.	
			de graine.	de lin battu.
Riga	500 litres	4.940	22 fr.	15 fr.
Pskoff	400 litres	5.200	28 fr.	17 fr.

M. LORTHIOIR-LUBREZ, à Landas.

Lin de Riga............................ ... . 23 ares 80
Lin de Pskoff............. .... 8 ares 86

Le lin de Riga a eu une très mauvaise levée ; M. Lorthioir a cru devoir le labourer. L'essai n'ayant qu'un caractère comparatif, nous ne croyons pas devoir insister. Qu'il nous suffise de dire que M. Lorthioir a été très satisfait du lin de Pskoff dont la pousse a été très rapide, très régulière : il lui croit beaucoup de qualité, mais il lui reproche de donner peu de graines. Son rendement a été de 220 kil. de graine par hectare, et de 5.500 kil. de lin battu, d'une valeur de 11 à 12 fr.

M. MOMAL, à Monchecourt.

Lin de Riga..........................	2 hect. 40 ares.
Lin de Pskoff	10 ares.

Nature du sol. — Siliceo argileux.

Plantes précédentes. — En 1889 : Blé ; en 1890 : Avoine.

Fumure. — 1100 kil. d'un engrais composé par 100 kil. de 40 kil. de phosphate de Quiévy, 32 kil. sulfate de chaux, 17 kil. de nitrate et 11 kil. de chlorure de potassium.

Semailles. — 25 mars.

Levée. — 17 à 19 jours après la semaille pour le Riga, et 12 à 15 jours pour le Pskoff. Elle a été bonne pour le Riga et très bonne pour le Pskoff.

Végétation. — La végétation du Riga a été très bonne jusqu'au 25 juin, mais sa couleur était trop foncée ; à cette époque, il a été culbuté par un orage. La végétation du Pskoff était plus active. Le 24 mai, il avait une taille de 0,65 à 0,75, tandis que celle du Riga n'était que de 0,50 à 0,60. La couleur du Pskoff était vert pâle.

L'arrachage a eu lieu le 16 juillet.

Rendements. — Les lins ont été pesés bruts ;
Le Riga a donné 6.900 kil. à l'hectare.
Le Pskoff a donné 6.700 kil. —

M. TREHOULT, Evrard, à Rosult.

Lin de Riga :..........................	10 ares.
Lin de Pskoff	10 ares.

Nature du sol. — Argilo-calcaire.

Plantes précédentes. — En 1889 : Blé ; en 1890 : Avoine.

Fumure. Fumier avant l'hiver .... 1.500 kil. ⎫
         Sulfate de potasse .... 200 kil. ⎪
         Superphosphates .... 500 kil. ⎬ à l'hectare.
         Sulfate d'ammoniaque .... 100 kil. ⎭

Semailles. — 2 avril.

Levée. — Du 11 au 13 avril. La levée a été bonne.

Végétation. — Le Pskoff acquit rapidement une taille plus élevée. Les deux variétés ont versé lors des orages de la fin de juin. L'arrachage a eu lieu du 15 au 17 juillet.

Rendements :

	Graine à l'hectare	Lin battu à l'hectare	Valeur marchande des 100 kil.	
			de la graine	de lin battu
Riga...................	450	4500	28 fr.	11 fr.
Pskoff...............	260	6500	28 fr.	16 fr. 50

Rendements au rouissage et au teillage :

	Rendement de 5 kil de lin		Rendement de 100 kil. de lin roui en lin teillé	Rendement de 100 kil. de lin battu en lin teillé	Valeur marchande du lin teillé
	Après rouissage	Après teillage			
Riga..............	3.700	0.600	16.21	12	
Pskoff.............	3.600	0.750	20.83	15	70 fr. (chaine)

M. TRIBOU, à Hem-Lenglet.

M. Tribou avait mis en comparaison le lin de Tonne de Riga, avec le lin de Pskoff. Le Pskoff prit de l'avance pendant 3 semaines environ, mais à partir de cette époque, les deux variétés s'égalisèrent. Des pluies torrentielles et des orages firent verser les lins, et M. Tribou n'espérant plus de résultats normaux, ne fit pas récolter ses lins séparément ; nous ne pouvons donc donner les chiffres des rendements.

M. VANDENABEELE, à Staple.

Lin de Riga............................... 95 ares.
Lin de Pskoff.............................. 5 ares.

Nature du sol. — Argilo-Siliceux.

Plantes précédentes. — En 1889 : Blé. En 1890 : Blé.
Dernier lin : 11 ans.

Fumure. — 500 kil. d'engrais, composé comme suit : 9 % azote ;
5 % potasse ; 6 % acide phosphorique. Ces engrais ont été appliqués
en février et enfouis par le labour.

Semailles. — 28 février.

Levée. — Très régulière le 22 mars.

Végétation. — La végétation a été régulière et la différence peu
sensible au début. Le Pskoff avait cependant une meilleure couleur
que le Riga.
Le Pskoff avait plus de taille ; il résista cependant mieux aux
orages que le Riga, et donna de meilleurs rendements.
L'arrachage eut lieu le 9 juillet.

Rendements :

	Graine à l'hectare.	Lin battu à l'hectare.	Valeur marchande des 100 kil.	
			de graine.	de lin battu.
Riga..................	6 hl.	6500	28 fr. 50	11 fr.
Pskoff................	6 hl.	7000	28 fr. 50	13 fr.

M. VANHEEGHE, à Saint-Pierrebroucq.

Lin de Riga................................. 11 ares 55.
Lin de Pskoff............................... 11 ares 55.

Nature du sol. — Siliceo-argileux.

Plantes précédentes. — En 1889 : blé ; en 1890 : trèfle.

Fumure. — Tourteaux de Ravison. . . 1000 kil. }
» Nitrate de soude. . . . . 225 kil. } à l'hectare.

Semailles. — 3 avril.

Levée. — Du 20 au 23 avril pour le Pskoff, et du 22 au 25 avril pour le Riga. Elle a été bonne pour les 2 variétés.

Végétation.— Le Pskoff, qui avait pris beaucoup d'avance, promettait une très belle récolte. Malheureusement il culbuta le premier, son rendement, mais surtout sa qualité, en furent diminués.

Rendements :

	Graine à l'hectare.	Lin battu à l'hectare.	Valeur marchande des 100 kil.	
			de graine.	de lin battu.
Riga..................	684	5472	30 fr.	13 fr
Pskoff................	216	5852	30 fr.	11 fr.

CONCLUSIONS GÉNÉRALES

à tirer des expériences de 1891 sur les lins.

Nous n'avons pas cru devoir détailler outre mesure, et discuter comme nous en avions l'intention, les résultats qu'on a pu lire plus haut. Ils n'en valaient certes pas la peine, car la saison végétative des lins a été absolument pluvieuse, anormale et désastreuse.

Voulant propager une variété vigoureuse, et des formules de fumures actives, l'année a été particulièrement défavorable à nos essais, et si nous n'avions pas dû prouver nos efforts, nous n'aurions certes pas publié les résultats consignés plus haut, puisqu'ils étaient si peu dignes d'intérêt.

Si l'été 1891 a été si peu clément, les personnes qui ont suivi les différentes périodes de la végétation des lins, ont néanmoins pu se rendre compte des aptitudes des variétés mises en présence, car chacun sait que si de malencontreux orages n'étaient venus contrarier nos essais, nous aurions obtenu des résultats magnifiques dans la presque totalité de nos champs.

En examinant l'ensemble des observations qui ont été faites, et qui ont été sommairement reproduites pour chaque champ sous la rubrique « végétation » il ressort, que le lin de Pskoff lève plus tôt que la tonne et la sous-tonne de Riga; qu'il prend immédiatement une avance qu'il conserve normalement jusqu'à la récolte. Sa végétation est toujours plus vigoureuse, et sa couleur meilleure. Sa taille est invariablement plus élevée que celle du Riga. Il est toujours moins branchu, mais donne peu de graines. Par contre, sa qualité textile est meilleure.

Pourvu de ces caractères, il devrait constamment donner plus de rendement en lin battu. Cette qualité, il ne l'a pas eue en 1891, parce qu'étant plus élevé, la plupart du temps plus fin de tige, il présentait une résistance moins grande à la verse. Aussi, le voit-on toujours culbuter le premier, et, les pluies continuant, pourrir sur place. Pour éviter cette pourriture, on a été obligé le plus souvent d'arracher le Pskoff avant le Riga. Que l'on ait procédé à cet arrachage trop hâtif, ou que l'on ait attendu, le Pskoff s'est trouvé en état d'infériorité manifeste, car pendant ce temps, le Riga moins long, et par suite moins versé, continuait à croître, et à mûrir.

Il n'en résulte pas moins, que le Pskoff a des qualités essentielles, qui se sont montrées, et sont restées évidentes malgré la déplorable saison de 1891.

Cette variété nous est fournie par la maison Vilmorin, qui livre la graine à un prix tellement élevé (100 fr. les 100 kilos) que nous n'oserions jamais, étant donné le peu d'avantage que procure aujourd'hui la culture du lin, la recommander aux cultivateurs, si nos expériences précédentes ne nous avaient démontré (ce que M. H. de Vilmorin nous a affirmé d'ailleurs lui-même) que le lin de Pskoff peut se cultiver d'une manière continue chez nous, et même s'améliorer. Dans ces conditions, l'inconvénient du prix de la graine tombe de lui-même, et il est d'autant moins à prendre en considération, que nous espérons en cette année 1892 essayer des graines de Pskoff d'origine, d'un prix beaucoup moins élevé en lesquelles nous avons une certaine confiance; cependant, en supposant qu'elles donnent de bons résultats, nous ne pouvons savoir actuellement si ce lin possédera au même degré que celui de la maison Vilmorin, la propriété de se réensemencer et de s'améliorer dans notre contrée.

L'année 1891, disions-nous plus haut, a été défavorable aux lins forts, et c'est pour cette raison que nos expériences de fumures, elles aussi, ont été manquées en partie. Nos essais antérieurs nous avaient prouvé que, toutes circonstances égales, les fumures aux tourteaux et nitrate fort en faveur dans les arrondissements de Lille, Douai, Valenciennes, Cambrai, donnaient souvent beaucoup de poids, mais peu de qualité, et une mauvaise couleur, par suite de l'excès d'azote livré d'une manière continue à la végétation, ce qui ne permet pas assez à la plante de mûrir en temps voulu, ces fumures étant presque toujours dépourvues de l'élément potasse, indispensable au lin.

D'autre part, les fumures de l'arrondissement de Dunkerque comprennent presque généralement des superphosphates et du nitrate ; ces compositions donnent peu de poids, mais une certaine qualité.

En tâtonnant, nous sommes arrivé à combiner les deux systèmes : nous conservons une partie des tourteaux et ajoutons, comme on a pu le voir, des superphosphates des sels de potasse, et un mélange d'azote nitrique et ammoniacal. Les doses, et même les éléments varient suivant les cas, et nous cherchons surtout dans notre comparaison, à ne dépenser comme fumure d'essai, que la somme immobilisée en fumure témoin.

Ce système de fumure, excellent en année moyenne, s'est montré trop actif en année pluvieuse comme la campagne 1891, et nos lins d'essai étant devenus très forts ont été culbutés les premiers. Il en est résulté que nos fumures ont donné un produit qui a mal mûri, et perdu par suite toute sa qualité.

Quoi qu'il en soit, nous avons trop de foi en notre lin de Pskoff, et en notre système de fumure, pour abandonner notre démonstration. Nous recommençons nos essais en 1892, nous en augmentons même l'importance ; c'est avec confiance que nous en attendons les résultats. [1].

---

[1] Ces lignes ont été écrites au printemps 1892. — Notre espoir semble complètement se confirmer. Actuellement, (juin 1892), nos 55 champs de démonstration de lins sont dans une excellente voie, et il y a lieu d'espérer que les circonstances météorologiques de l'année 1891 ne se représenteront pas ; les lins étant en général très courts ne pourront verser que dans des cas exceptionnels. Partout, le Pskoff montre une supériorité incontestable, et la fumure d'essai combinée aux tourteaux et engrais chimiques, semble prédire de bons résultats.

HOUBLONS.

La culture du houblon dans le département du Nord occupe encore un millier d'hectares. Elle est localisée dans un certain nombre de communes, qui appartiennent aux cantons de Bailleul, et de Steenvoorde d'une part, et du Cateau, Clary et Landrecies d'autre part.

Cette culture, comme chacun sait, est peu prospère; on défriche d'année en année, des houblonnières, qui autrefois faisaient la richesse de ces pays. Il est certain que la série de mauvaises années que la culture du houblon a traversées, (mauvaises récoltes, *mais surtout cours inférieurs*), a dû refroidir le zèle de nos planteurs, qui se disaient aussi, bien désarmés vis-à-vis de l'étranger. Sous ce dernier rapport, satisfaction partielle leur a été accordée, nous ne voulons pas en parler, puisque la question, ici n'est plus de notre compétence; mais il y a une chose certaine, c'est que la culture du houblon n'est plus ce qu'elle était autrefois; elle n'est plus rémunératrice et tend à perdre du terrain.

Essais de variétés étrangères.

Les causes de cette crise sont vraisemblablement multiples, elles sont probablement d'ordre différent, et nous n'avons pas à les rechercher, ou, si l'on préfère, nous n'y sommes pas obligé. Nous nous contenterons donc de penser, qu'une partie des causes du malaise dont souffre la culture houblonnière, réside dans les procédés de culture, et de traitement des produits.

Ainsi, en général, les procédés de cueillette sont défectueux chez nous, les méthodes de séchage sont loin d'être exemptes de reproches. Si la marque de nos houblons est mal cotée, c'est un peu, et même beaucoup à ces habitudes qu'on le doit. Malheureusement on peut encore chercher ailleurs l'état d'infériorité où nous nous trouvons. On peut en effet croire que les méthodes de culture, qui ont pu autrefois permettre aux anciens, de faire leurs affaires, puisque la concurrence était moins redoutable, peuvent maintenant paraître insuffisantes ; aucune culture certainement n'est parfaite ; on peut tout au moins assurer, que tout procédé est perfectible ; la culture du houblon dans le Nord approche-t-elle de la perfection ? Nous ne le pensons pas. Il y a des plantes qui ont été étudiées, travaillées, perfectionnées, affinées ; d'autres ont été laissées de côté, parce que l'intérêt général n'était pas en jeu, et que les cultures sont localisées ; elles n'en sont pas moins dignes d'intérêt. Le houblon est dans ce cas ; c'est ce qui explique que les procédés modernes se rapprochent beaucoup des procédés anciens pour le houblon.

La plupart des cultures ont été améliorées depuis quelques années par l'introduction de variétés nouvelles, qui ne coûtent pas plus à produire, mais qui rapportent davantage, par la quantité, ou par la qualité des produits qu'elles donnent. Les exemples sont nombreux, nous pourrions les citer. Est-il bien certain que les cultivateurs de houblon du Nord n'auraient pas avantage à changer leurs variétés ; et les variétés locales sont-elles exemptes de tout reproche ? Nos planteurs des environs de Bailleul et de Busigny ne pourraient-ils améliorer leurs rendements de cette façon, ou, tout au moins ne devraient-ils pas tenter un essai dans ce sens ? Nous nous garderons bien de répondre à la première question, mais nous serons très affirmatif en faveur de la seconde, parce qu'en culture il ne doit pas y avoir de parti pris.

Nous ne nous arrêterons pas aux objections qui ont été formulées lorsque nos intentions de faire l'essai de variétés étrangères ont été annoncées. Nous savons que des essais partiels ont été faits, nous savons aussi que les résultats n'ont pas souvent été favorables. Mais est-ce à dire pour cela que l'on ne peut réussir dans cet ordre d'idées ? doit-on croire que tous les essais qui pouvaient être faits ont été tentés ? Il serait superflu de le prétendre. Le Spalt, dit-on, a été essayé ; il n'a, paraît-il, pas réussi. Doit-on pour cela laisser de côté cette variété si réputée, et doit-on surtout abandonner des espèces comme le Saaz de Bohême et le Wolnzach de Bavière ? Nous ne le pensons pas, et c'est pour cela qu'au moyen d'un crédit spécial voté par le Conseil général, nous avons importé 60,000 boutures de ces trois variétés qui ont été distribuées (avec engagement de les cultiver pendant trois ans, et de livrer les résultats la seconde et la 3ᵉ année) aux planteurs de houblon des massifs de Bailleul, de Busigny qui ont accueilli notre proposition avec la plus grande faveur.

Nous ne pouvons, et ne voulons pas savoir en commençant les résultats de la vaste enquête à laquelle nous avons décidé de nous livrer : nos essais sont établis *sans parti pris*, l'avenir nous renseignera, et nous accepterons d'avance sans récriminations l'arrêt rendu par notre sol. L'expérience est faite sur une échelle suffisante, la provenance des plants est assez certaine, pour que les résultats que nous aurons à constater en 1892 et en 1893, vident complètement la question pour les variétés expérimentées.

Les 20,000 boutures de Spalt nous ont été fournies par M. Masrquart-Kastner de Spalt.

Les 20,000 boutures de Wolnzach proviennent de M. Dorn.

Les 20,000 boutons de Saaz nous ont été envoyées par M. Schwartzkopf de Saaz.

Après nous être entendu sur place avec les cultivateurs de nos deux petits massifs houblonniers du Nord, les boutures furent distribuées à 167 cultivateurs des communes suivantes :

Bailleul.	Forest.
Bousies.	Godewaerswelde.
Berthen.	Meteren.
Busigny.	Ors.
Caestre.	Pommereuil.
Croix.	Robersart.
Ecke.	Saint-Jans-Cappel.
Flêtre.	Steenvoorde.
Fontaine-au-Bois.	

Les boutures ont été distribuées par des correspondants dont nous nous sommes acquis le concours dans chaque commune, et qui ont été choisis dans les réunions préparatoires que nous avions organisées.

Les 167 planteurs qui ont reçu les plants ont pris l'engagement de se conformer aux prescriptions de culture et de récolte que nous avons pensé devoir leur imposer, et ils doivent cultiver pendant 3 ans au moins les variétés qui leur ont été fournies comparativement, sur le même sol, que les variétés du pays, en récolter et peser séparément les produits pendant ce laps de temps.

Voici, d'ailleurs, le texte du questionnaire que les acceptants ont eu à remplir.

Le planteur de houblons soussigné s'engage ;

1° A cultiver côte à côte, sur le même terrain, les variétés ci-dessous, *pendant quatre années au moins* ;

2° A cultiver comme comparaison, à côté des espèces étrangères dénommées ci-dessous, une quantité de pieds de l'une des variétés du pays, au moins égale au nombre de pieds de chacune des espèces étrangères. C'est-à-dire, que s'il veut essayer, par exemple, 100 pieds de Spalt, 100 pieds de Wolnzach, et 100 pieds de Saaz, il s'engagera à planter, à côté, 400 pieds de l'une des variétés locales ;

3° A récolter et à peser *séparément* les produits de chaque variété, pendant quatre années au moins.

On comprend facilement que la valeur des variétés étrangères ne peut être établie que si l'on cultive à côté d'elle des plants du pays du même âge, et que l'on ne peut se rendre compte d'une manière certaine quelle est la variété la plus avantageuse, que si l'on récolte chaque année, et pèse séparément les produits des diverses variétés mises en comparaison.

Signature du Cultivateur :

QUESTIONNAIRE. — *Combien de pieds de Spalt désirez-vous ?*
Combien de pieds de Wolnzach désirez-vous ?
Combien de pieds de Saas désirez-vous ?
Quelle est la variété du pays que vous planterez en comparaison ?

Il ne faut pas confondre *boutures* avec *pieds*. Nous admettons que pour avoir un pied, il faut planter 3 boutures. Les chiffres demandés ci-dessus, sont relatifs au nombre de *pieds* ; et il sera envoyé 3 boutures par pied demandé, sauf la restriction suivante :

Nous ne pouvons disposer cette année que de 60.000 boutures pour tous les planteurs de houblon du Nord ; nous savons que la demande sera beaucoup plus considérable ; il sera donc utile de se restreindre.

C'est pour cette raison que les planteurs de houblon sont vivement engagés à être très modestes dans leurs demandes.

Le 1er avril, la répartition sera faite, et les demandes qui parviendraient après cette date à M. Comon seraient considérées comme non avenues.

Les planteurs n'ont pas intérêt à exagérer le chiffre des boutures qu'ils désirent, car la répartition ne sera pas faite proportionnellement au nombre des boutures demandées par chacun, mais suivant la superficie cultivée en houblon dans chaque commune.

— 62 —

QUESTIONS ACCESSOIRES. — *A quelle distance planterez-vous entre les lignes ?*
A quelle distance planterez-vous dans les lignes ?
Ferez-vous usage de perches ou de fil de fer ?
Vos trous sont-ils préparés ?
Quelles dimensions ont-ils ?
Quel engrais mettez-vous avant la plantation ?
A quelle dose par perche ?

Nous ne pensons pas qu'il y ait intérêt, *puisqu'il s'agit de boutures de 1ʳᵉ année de plantation*, de détailler les réponses de tous les cultivateurs qui ont établi des essais ; voici, d'après les renseignements qui nous ont été transmis, quelques indications sur la reprise des boutures et sur leur végétation :

A Bailleul, la reprise a été bonne, mais le Wolnzach et le Saaz l'emportent comme végétation.

A Busigny, bonne reprise et bonne végétation, mais le Wolnzach l'emporte de beaucoup sur les deux autres variétés.

A Bousies, bonne reprise et bonne végétation ; le Saaz semble tenir la tête.

A Ors, bonne végétation pour toutes les variétés.

A Robersart, bonne végétation, le Wolnzach semble l'emporter.

A Berthen, la végétation est bonne, mais le Wolnzach est beaucoup plus vigoureux et productif.

A Forest, bonne végétation pour les trois variétés.

A Croix, bonne végétation pour les trois variétés.

A Meteren, bonne reprise et bonne végétation pour les trois variétés. mais principalement pour le Wolnzach qui est plus vigoureux.

A Caestre, mauvaise reprise. Les boutures sont arrivées en mauvais état.

A Saint-Jans-Cappel, assez bonne reprise et végétation.

A Steenvoorde, bonne végétation pour les trois variétés.

A Pommereuil, bonne végétation pour les trois variétés.

A Fontaine-au-Bois, bonne végétation pour les trois variétés, surtout pour le Wolnzach.

Nous n'avons pas reçu les renseignements relatifs à Godewaersvelde, Ecke et Flêtre.

D'une manière générale, on peut dire que toutes les variétés ont eu une bonne reprise ; l'année a d'ailleurs été très favorable à la végétation.

On ne peut certes rien préjuger des résultats futurs de nos trois
variétés, puisque les boutures ne donnent que quelques cônes la
1re année, mais d'après les renseignements sommaires que nous
donnons plus haut, il y aurait dans quelques communes des indices
en faveur du Wolnzach. Plusieurs planteurs sont très affirmatifs au
sujet de cette variété, et la représentent déjà comme une variété très
vigoureuse et à très grand rendement. Elle est certainement plus
vigoureuse que les autres, et c'est la seule qui ait donné des cônes en
assez grande quantité.

M. Casiez-Duflos, de Busigny, l'un de nos collaborateurs, en a
réuni une quantité suffisante, que nous avons prié M. Dubernard,
directeur de la station agronomique, d'analyser, ainsi qu'un échan-
tillon d'un bon houblon du même producteur. Voici les résultats de
ces analyses :

	Extrait alcoolique.	Tannin.	Huiles essentielles.
Wolnzach........................	21	2.80	18.20
Houblon ordinaire	19	1.90	17.10

On peut se convaincre par l'examen de ces chiffres que l'échan-
tillon de Wolnzach n'était pas dénué de qualité : nous verrons plus
tard si cette variété, qui restera probablement très vigoureuse, ne
dégénère pas dans notre pays.

Essais de Fumures

En installant les essais de variétés dont nous venons de parler,
nous avons profité de l'occasion, pour tenter une seconde enquête
au sujet de la fumure à appliquer au houblon.

Une grande partie de nos planteurs de houblon, n'emploient que
du fumier et du purin, et l'usage des tourteaux, qui est excellent,
d'ailleurs, ne s'est pas encore généralisé. Quelques cultivateurs
emploient depuis quelques années des superphosphates, mais ceux
qui font usage des sels de potasse, si nécessaires au houblon, sont
fort rares. Nous avons composé un engrais spécial applicable dans la
majorité des cas, que nous avons offert à nos collaborateurs. Cet
engrais se composait de tourteaux de sésame blanc-gris et d'un
mélange d'engrais chimiques.

Les tourteaux dosaient :

    Acide phosphorique . . . . . 2 %.

    Azote . . . . 6.50 %.

La dose était de 0 k. 250 par pied.

L'engrais chimique dosait :

    Acide phosphorique. . . . . . . 8.5.

    Potasse. . . . . 11.9.

    Azote . . . . 2.3.

La dose était également de 0 k. 250 par pied.

Le prix du tourteau étant de 15 fr. les 100 k. et celui du mélange de 13 fr. 56, la fumure de chaque pied revenait à :

    0 fr. 0375 pour le tourteau

    et 0 fr. 0339 pour le mélange.

Soit un total de 0 fr. 0714 par pied.

Les cultivateurs qui acceptaient de faire un essai d'engrais, devaient remplir et signer le questionnaire suivant :

Essais d'engrais.

QUESTIONS.—*Avez-vous déjà essayé sur vos houblons d'autres engrais que le fumier ?*

Lesquels ?

A quelle dose par pied ?

Quels sont les engrais qui vous ont le mieux réussi comme complément du fumier ?

Ont-ils augmenté la quantité ?

Ont-ils augmenté la qualité ?

Ont-ils augmenté quantité et qualité ?

Ont-ils nui au contraire . . . . { *à la quantité ?* / *à la qualité ?*

Seriez-vous désireux de faire un essai d'engrais sur vos vieilles houblonnières ?

Sur combien de pieds feriez-vous ces essais d'engrais ?

Dans le cas où le cultivateur de houblons, soussigné, serait disposé à faire des essais d'engrais, il s'engagerait :

1° A exécuter scrupuleusement les conventions qui interviendraient comme suite à cet engagement, entre lui et le Professeur départemental d'Agriculture, et à suivre les prescriptions de celui-ci :

2° A récolter et à peser *séparément* au bout de l'année les produits des pieds soumis à l'expérience.

Signature du Cultivateur :

Les adhérents au questionnaire ci-dessus, ont reçu les instructions suivantes :

MONSIEUR,

Mon correspondant de votre commune, a dû vous remettre de ma part :

...... kil. de tourteaux Sésame écrasés et ...... kil. d'engrais composé.

Ces tourteaux et ces engrais sont destinés à être employés sur .... pieds d'une de vos anciennes houblonnières.

Je vous laisse absolument libre d'employer ces engrais comme bon vous semblera, à condition que *chaque pied* reçoive :

0 kil. **250** grammes (une demi-livre) de tourteaux ;
et **0** kil. **250** grammes (une demi-livre) d'engrais composé.

Je vous conseille cependant :

1° De faire cette opération au commencement de juin ;

2° De mélanger vos tourteaux et votre engrais à la pelle, sur une aire de grange ;

3° D'employer ce mélange en bouillie avec de l'eau, de le répartir à une certaine distance autour de chaque pied et de le recouvrir ensuite d'une légère couche de terre.

Il est entendu que la récolte des pieds qui auront reçu le mélange, sera pesée à part, ainsi que celle d'un même nombre de pieds n'ayant pas reçu cet engrais, et pris à côté, dans la même houblonnière.

Agréez.....

Les cultivateurs disposés à tenter l'essai d'engrais, furent au nombre de 67 ; ils appartenaient aux communes suivantes :

Bailleul.	Fontaine-au-Bois.
Bousies.	Forest.
Berthen.	Godewaersvelde.
Busigny.	Meteren.
Caestre.	Ors.
Croix.	Pommereuil.
Ecke.	St-Jans-Cappel.
Flêtre.	

5

Noms des planteurs	Domicile des planteurs	Nombre des pieds expérimentés — fumure témoin	— fumure d'essai	Nature de la fumure témoin	Dépense en engrais par pied — fumure témoin	— fumure d'essai	Produits en cônes secs — fumure témoin	— fumure d'essai	Valeur marchande des 50 kil. de cônes — fumure témoin	— fumure d'essai	Appréciation des cultivateurs sur la fumure d'essai
MM. Casiez-Duflos	Buisgny	224	224	Tourteaux phosphate et colom-	fr. 0.06	fr. 0.07	kg. 64	kg. 68	fr. 80 »	fr. 80 »	Les pieds traités à la fumure d'essai ont eu de la moisissure.
Id.	Id.	275	275	hine	0.08	0.07	468 »	175 »	80 »	80 »	Fumure témoin supérieure.
Léponez	Id.	1000	1000	Tourteaux	0.055	0.07	470 »	450 »	80 »	80 »	Fumure d'essai est supér[ieure]
Baudechon	Bousies	40	40	Fumier	0.20	0.07	4750 »	5500 »	»	»	Id.
Leblond	Id.	20	20	Id.	0.20	0.07	5 »	5 »	50 »	50 »	Id.
Richard, Frédéric	Id.	10	10	Id.	-	0.07	6 »	6500 »	»	»	Id.
Givry, Antoine	Ors	480	480	Id.	0.10	0.07	480	484	62.50	62.50	La fumure témoin est supér[ieure]
Asile d'aliénées	Bailleul	2788	400	Vidanges	0.045	0.07	904	97	45	45	Elle serait supérieure, mais à haute dose.
Société du Mont-des-Cats	Berthen	500	500	Purin	0.20	0.07	403	130	-	-	La fumure d'essai est supér[ieure]
Renaux, Henri	Forest	150	150	Fumier	0.05	0.07	63600	72500	70 »	70 »	Id.
Renaux, Zéphir	Id.	150	150	Id.	0.05	0.07	63 »	79500	70 »	70 »	Id.
Denimal, Charles	Id.	150	150	Id.	0.12	0.07	43 »	45 »	65 »	65 »	Id.
Tuche, J.-B.	Croix	100	100	Fumier et Purin	0.10	0.07	47 »	30 »	55 »	55 »	Id.
Lecouvez-Marin	Id.	50	50	Id.	0.15	0.07	18 »	30 »	55 »	55 »	Id.
Thurette, Eugène	Id.	50	50	Fumier	0.07	0.07	13500	15500	55 »	55 »	»
Burlion, J.-B.	Id.	50	50	Id.	0.20	0.07	2/3 de récolte	2/3 de récolte	60 »	60 »	Végétation moins bonne avec la fumure d'essai.
Lebon, Simon	Id.	50	50	Id.	0.10	0.07	15 »	15 »	55 »	55 »	MM. Lebon, Biatte et Masson pensent que la fumure d'essai serait principalement avantageuse en année sèche
Briatte-Cappliez	Id.	100	100	Id.	0.10	0.07	25 »	25 »	55 »	55 »	
Masson, Jules	Id.	100	100	Id.	0.10	0.07	25 »	25 »	50 »	50 »	
Taisne, Aimé	Id.	100	100	Id.	0.10	0.07	25 »	25 »	60 »	60 »	M. Taisne pense que la fum. d'essai n'est pas avantag.
Ruelle, César	Id.	100	100	Id.	0.10	0.07	30 »	60 »	60 »	60 »	La fumure d'essai est supér[ieure]
Becuwe, Denis	Meteren	100	100	Tourteaux et Pur[in]	0.05	0.07	-	-	-	-	Houblon grelés en juillet...

Noms des planteurs	Domicile des planteurs	Nombre des pieds expérimentés		Nature de la fumure témoin	Dépense en engrais par pied		Produit en cônes secs		Valeur marchande des 50 kil. de cônes		Appréciation des cultivateurs sur la fumure d'essai
		fumure témoin	fumure d'essai		fumure témoin	fumure d'essai	fumure témoin	fumure d'essai	fumure témoin	fumure d'essai	
					fr.	fr.	kg.	kg.	fr.	fr.	
MM.											
Lobbedez............	Steenworde.	200	200	Purin......	0.12	0.07	100 »	100 »	55 »	55 »	
Carpentier-Lozé.....	Pommereuil.	25	25	Fumier......	0.05	0.07	11.500	11.500	50 »	50 »	M. Carpentier croit l'engrais d'essai actif.
Wattremez, J.-B.......	Id.	25	25	Id.	0.10	0.07	12 »	13.500	70 »	70 »	La fumure d'essai est supér[e]
Pansiaux	Id.	24	24	Id.	0.10	0.07	35 vert.	50 vert.	50 »	50 »	Id.
Quentin, Chlodomir...	Id.	150	150	»	»	0.07	87.500	104.500	50 »	50 »	Id.
Quentin-Lozé........	Id.	50	50	Fumier et Purin.	0.18	0.07	15 »	30 »	75 »	75 »	Id.
Marquant, Edouard...	Id.	»	»	»	»	»	—	—	»	»	Houblon malade. Pas de résultats.
Monfroy, Abdon	Id.	»	»	Fumier......	»	»	—	—	»	»	La fumure d'essai est un peu plus favorable.
Lauriaux-Copin......	Id.	100	100	Fumier et Purin.	0.15	0.07	46.750	50 »	50 »	50 »	La fumure d'essai est supér[e]
Bricout, Siméon......	Id.	148	148	Déchets de suiferie	0.06	0.07	45 »	60 »	55 »	55 »	Id.
Monfroy, Alcide......	Id.	100	100	Fumier......	»	0.00	33.500	33.500	»	»	
Daniel, Ernest.......	Id.	25	25	Id.	0.10	0.07	—	—	»	»	Aucun résultat n'est donné, mais M. Daniel pense que la fumure d'essai est avantageuse.
Risbourg-Tenier......	Id.	168	168	Fumier et Purin.	0.11	0.07	21 »	26.500	68 »	68 »	La fumure d'essai est supér[e]
Vve Pruvost-Delattre.	Id.	150	150	Id.	0.10	0.07	50 »	50 »	»	»	On n'a pas constaté de différ.
Pruvost-Delattre, Emile.	Id.	150	150	Id.	0.10	0.07	50 »	50 »	»	»	La fumure d'essai est supér[e]
Wattremez, Martial....	Id.	25	25	Id.	0.20	0.37	40 »	12.500	80 »	80 »	Id.
Carpentier, Constant...	Id.	50	50	Id.	0.12	0.07	62 vert.	65 vert.	75 »	75 »	Id.
Lesne, Théophile......	Fontaine-au-Bois.	200	200	Fumier......	0.10	0.07	62 »	62 »	60 »	60 »	Id.
Lesne, Fidèle	Id.	200	200	Id.	0.10	0.07	50 »	55 »	60 »	60 »	Id.
Trouillet, Emmanuel...	Id.	200	200	Id.	0.10	0.07	95 »	98 »	70 »	70 »	Id.

On voit à l'inspection du tableau précédent, que sur 67 cultivateurs inscrits, 42 nous ont envoyé des résultats; quelques-uns sont
incomplets, mais nous les mentionnons néanmoins.

Nous pouvons classer les résultats ci-dessus, en 8 catégories :

1° La fumure d'essai a été manifestement supérieure dans .... 23 cas.
2° La fumure d'essai sera probablement supérieure en année sèche dans 4 —
3° La fumure d'essai sera probablement supérieuʳᵉ à plus haute dose dans 1 —
4° Il n'y a que peu de différence dans les deux procédés de fumure dans 3 —
5° Il n'y a pas de différence dans les deux procédés de fumure dans... 2 —
6° La fumure témoin est supérieure dans .... 5 —
7° Les houblons ont été grêlés et ne peuvent donner de résultats dans 2 —
8° La fumure témoin est égale à la fumure d'essai dans .... 2 —

TOTAL :   42 cas.

Dans les 19 cas où la fumure d'essai ne donne pas de résultats
supérieurs, nous pouvons faire remarquer que la fumure d'essai ne
revient qu'à 0 fr. 07 par perche, et que d'autre part, la fumure
témoin coûte, 9 fois sur 10, beaucoup plus cher ; en tenant compté
de cette différence on peut supposer que dans la presque totalité des
cas, nos engrais ont été avantageux. Nous ne pouvons que nous
féliciter de ce résultat, obtenu sans tâtonnement.

Nous pouvons faire observer aussi, que si l'engrais d'essai a été
généralement supérieur, c'est presque toujours au fumier seul ou au
fumier et purin qu'il a été comparé. Il est certain que comparé au
tourteaux et purin (fumure surtout employée dans les environs de
Bailleul) notre composition eut eue moins de supériorité que celle
que nous avons pu constater.

D'ailleurs, cet essai, ou plutôt cette *enquête* préliminaire qui sera
continuée les années suivantes, a déjà porté quelques fruits. Nous
avons appris que quelques cultivateurs de Bousies, se proposaient
d'établir un dépôt d'engrais analogue à notre fumure d'essai, qui
permettrait aux planteurs de se procurer facilement, les matières
fertilisantes dont l'expérience leur a prouvé l'avantage.

POMMES DE TERRE.

Nous n'avions point tort, l'an dernier, de constater la tendance que beaucoup de nos agriculteurs ont, de se tourner du côté de la culture de la pomme de terre industrielle. Cette tendance s'affirme de plus en plus, et deux féculeries sont annoncées comme devant fonctionner dès l'automne 1892, dans le département.

Ce virement vers une culture industrielle nouvelle pour notre pays, s'explique aisément, par le besoin que l'on a chez nous de remplacer les plantes oléagineuses qui ne sont plus guère possibles, les textiles qui sont tombées en complète défaveur, et de créer à côté de la betterave qui règne en maîtresse absolue, une concurrente qui ne lui enlèvera jamais la prépondérance, à laquelle elle a droit, et qu'elle conservera toujours, mais qui pourra devenir peut-être un dérivatif utile dans bien des cas.

Nous ne pouvons que souhaiter longue vie à cette industrie nouvelle, car c'est un débouché nouveau et important pour les produits de notre sol, qui convient en général à la pomme de terre. Comme débouché, nous devons aussi en viser un autre, c'est l'Angleterre. La place de Londres qui est si importante, s'approvisionne surtout en variété à chair blanche, très féculières, et que nous appelons espèces industrielles. Ces variétés rendent beaucoup en poids, résistent à la maladie, et sont d'une bonne conservation. Dans notre département, on dédaigne pour la consommation, toute pomme de terre à chair blanche ou demi-blanche. Les tubercules à chair jaune trouvent seuls un débouché local. Nous ne voulons pas discuter cette question, puisqu'il s'agit ici avant tout d'une affaire de goût. Mais l'habitude d'un pays influe malheureusement sur le débouché d'un produit, et l'on est obligé de s'incliner devant les exigences de la demande. Cependant, en attendant que nos concitoyens reviennent à de meilleurs sentiments, la culture du Nord devrait essayer de s'emparer du marché de Londres, qui est en grande partie alimenté par l'Allemagne. Elle le peut, pensons-nous facilement, puisque

Londres est à nos portes. La société des Agriculteurs du Nord a parfaitement compris l'importance de la situation ; elle a envoyé cet hiver une délégation à Londres, qui, conduite obligeamment par les agents de la compagnie du Nord a pu se rendre compte de l'importance du débouché que l'on pouvait se créer. Nous pouvons produire de 20 à 30.000 kil. à l'hectare de pommes de terre féculières à chair blanche, qui peuvent se vendre de 7 à 9 fr. les 100 kil. à Londres. Les frais de transport ne sont pas considérables ; ils le sont certes, beaucoup moins pour nous que pour les allemands. Nos cultivateurs auraient alors le droit d'espérer en année moyenne un millier de francs de produit brut à l'hectare, chiffre que l'on n'est jamais certain d'atteindre aujourd'hui, avec les plantes industrielles.

Nous avons donc (nous le disions déjà l'an dernier dans le compte rendu des essais de 1889-90) une très grande confiance en l'avenir de la culture de la pomme de terre dans le Nord, et c'est pour cette raison que nous avons cherché à multiplier les essais en 1890-91. Malheureusement, nos crédits sont limités et les plants des variétés réputées sont non seulement d'un prix très élevé, mais encore deviennent introuvables. Nous n'avons pu nous procurer les quantités nécessaires des variétés que nous aurions voulu acquérir, et, au dernier moment, nous avons été obligé de prendre des espèces moins propres au but que nous cherchons à atteindre : la vulgarisation des variétés féculières à grand rendement. C'est ce qui explique le décousu des essais dont nous allons rendre compte.

M. J.-B. BONDUEL, à Sainghin-en-Mélantois.

M. Bonduel avait établi avec notre concours, deux champs d'expériences dans la même pièce, l'un, destiné à expérimenter l'action de différentes fumures, l'autre, diverses variétés.

Essai d'engrais.

Contenance totale	50 ares.
Contenance des parcelles	10 ares.
Nombre des parcelles	5.

Afin de se rendre compte de l'action des différents éléments composant les fumures les plus propices, nous avons employé comme base, une fumure avec tourteaux de sésame, coûtant 150 fr. l'hectare ; dans les autres parcelles, une plus ou moins grande partie de ces tourteaux a été remplacée par les différents éléments à introduire, mais en ayant soin de nous rapprocher autant que possible de la limite de 150 fr. de fumure de base.

Numéros des parcelles		Doses par hectare	Dépense en engrais à l'hectare
1	Tourteaux de Sésame............................	1000 kil.	150 fr. 00
2	Tourteaux de Sésame............................ Superphosphates................................	600 800	149 fr. 20
3	Tourteaux de Sésame............................ Sulfate de Potasse..............................	550 300	151 fr. 50
4	Tourteaux de Sésame............................ Superphosphates................................ Sulfate de Potasse..............................	500 400 200	150 fr. 60
5	Tourteaux de Sésame............................ Superphosphates................................ Sulfate de Potasse.............................. Sulfate d'Ammoniaque..........................	300 400 200 100	149 fr. 60

La variété unique, employée pour ces essais, était *l'Institut de Beauvais*, pomme de terre à grand rendement, et acclimatée chez M. Bonduel depuis plusieurs années.

Voici le tableau des rendements :

Numéros des parcelles	Contenance des parcelles	Engrais employés	Doses par parcelle	Doses par hectare	Nombre de plantes par parcelle	Nombre de plantes par hectare	Maturité	Récolte par parcelle	Récolte par hectare
1	10 ares	Tourteaux Sésame....	100	1000	2307	23070	1er sept.	1060	10600
2	10 ares	Tourteaux Sésame.... Superphosphate......	60 80	600 800	2334	23340	1er sept.	1065	10650
3	10 ares	Tourteaux Sésame.... Sulfate de potasse....	55 30	550 300	2388	23880	8 sept.	1100	11000
4	10 ares	Tourteaux Sésame.... Superphosphate...... Sulfate de potasse....	50 40 20	500 400 200	2416	24160	8 sept.	1320	13200
5	10 ares	Tourteaux Sésame... Superphosphate...... Sulfate de potasse.... Sulfate ammoniaque..	30 40 20 10	300 400 200 100	2350	23500	12 sept.	1670	16700

On voit, à l'inspection du tableau ci-dessus, que l'engrais complet, composé de tourteaux, superphosphates, sels de potasse et sulfate d'ammoniaque, donne un excédent de rendement considérable, mais la maturation a été quelque peu retardée.

Essai de variétés.

Contenance totale...................... 81 ares 84
Contenance des parcelles.............. variable
Nombre des parcelles : 6.

Les six variétés suivantes ont été plantées sur fumier et 1.100 kil. de tourteaux de chanvre à l'hectare :

N° 1. — Richter's imperator...................... 19 ares 25
N° 2. — Farineuse rouge .... 21 ares 95
N° 3. — Junon .... 9 ares 37
N° 4. — Rosalie....................... 23 ares 76
N° 5. — Merveille d'Amérique .... 8 ares 20
N° 6. — Canada. .... 9 ares 31

Les rendements ont été les suivants :

Numéros des parcelles.	Contenance.	Noms des variétés.	Quantités employées		Nombre de lignes à la parcelle.	Epoque de la maturité	Epoque de l'arrachage.	Rendement		Tubercules gâtés p. °/₀
			par parcelle.	par hectare				par parcelle.	par hectare.	
1	19 a. 25	Richter's Imperator.	500	2.595	14	12 sept.	7 oct.	3.278	17.028	6 °/₀
2	21 a. 95	Farineuse Rouge.	475	2.210	14	15 sept.	7 oct.	2.756	12.555	5 °/₀
3	9 a. 37	Junon.	200	2.120	7	7 oct.	7 oct.	1.384	14.781	4 °/₀
4	13 a. 76	Rosalie.	200	1.450	10	12 sept.	7 oct.	2.145	15.596	4 °/₀
5	8 a. 20	Merveille d'Amérique.	200	2.440	6	15 sept.	7 oct.	1.091	13.300	5 °/₀
6	9 a. 31	Canada.	200	2.148	7	15 sept.	7 oct.	1.885	20.247	6 °/₀

Il est à regretter que les tubercules n'aient pas été analysés. Le plus fort rendement est fourni par la pomme de terre Canada. Ce résultat ne nous surprend point; c'est une variété à grand rendement, mais qui est plutôt considéré comme une variétée fourragère. L'Imperator arrive en seconde ligne; ces deux variétés ont la plus forte proportion de tubercules gâtés, mais son importance n'a rien d'exagéré.

M. Antoine DUPONT, à Thiant.

Contenance totale..................... 60 ares.
Contenance des parcelles.............. 15 ares.
Nombre des parcelles : 4.

Nature du sol : Argilo-siliceux en excellent état.

Plante précédente : Luzerne.

Fumure : Deux bandes étaient en comparaison :

Les parcelles n° 1 et 3 sans engrais.

Les parcelles n° 2 et 4 avec engrais Dupont.

Composé de : 200 k. de superphosphates d'os.

200 k. de sulfate de potasse.

100 k. de nitrate.

Ce qui fait pour ces deux parcelles, un excédent de dépenses de 88 francs.

Plantation : 17 et 18 avril.

Les Richter's Imperator ont été plantés à 0^m70 sur 0^m50.

Les Lesquin à 0.60 sur 35.

Levée : Les Lesquin ont levé le 13 mai.

Les Imperator le 21 du même mois.

La levée a été bonne et régulière.

Végétation : La végétation a toujours été plus vigoureuse dans les parcelles 2 et 4 qui contenaient l'engrais Dupont.

La Richter's Imperator malgré une levée convenable, n'était pas suffisamment régulière, comme végétation. On pouvait en effet remarquer beaucoup de maladie du pied, qui produisit dans la suite un grand nombre de manques, qui nuisirent à son rendement. Cette particularité ne nous étonne point, car nous avions déjà signalé la maladie du pied comme attaquant spécialement cette variété.

La Lesquin au contraire conserve plus de régularité, mais le plant n'était pas très pur.

A l'arrachage, on constate les rendements suivants à l'hectare.

	Richter's Imperator.	Lesquin.
Sans engrais	20.000 k.	9.466
Fumure Dupont	23.133	11.000
Richesse en fécule	17.50 0/0	17.00

Au point de vue de la fumure, il est certain que les sacrifices qui ont été faits sont largement compensés par un excédent de rendement.

Quant aux variétés, l'écart qu'elles donnent est assez grand, malgré les particularités signalées plus haut, et qui ont considérablement nui au rendement de l'Imperator.

Il est incontestable, que la Lesquin, qui est la variété comestible du pays est préférable pour la plupart des usages culinaires, ou du moins elle est préférée ; son prix de vente est plus assuré. Mais le rendement de l'Imperator compense facilement la vogue de l'autre.

M. H. ESTYLE, à Condé.

Contenance totale .... 45 ares
Contenance des parcelles .... 7 ares 50
Nombre des parcelles : 6.

Nature du sol. — Argileux.

Fumures. — Les parcelles 1, 2, 3, n'ont reçu qu'une fumure au fumier de ferme.

Les parcelles 4, 5, 6, en outre de la fumure au fumier, ont reçu un supplément de :

Tourteaux de pavot. . . . . 700 kil. à l'hectare ⎞ Dépense
Superphosphates. . . . . . 500 kil. d° ⎟ supplémen-
Sulfate de potasse. . . . . . 200 kil. d° ⎟ taire
Sulfate d'ammoniaque. . . . 100 kil. d° ⎠ 200 fr.

Les variétés expérimentées étaient :

     La farineuse rouge
     La Richters' Imperator
     La Lyonnaise (comme variété témoin).

Les engrais complémentaires ont été enfouis par le labour, sauf le sulfate d'ammoniaque qui a été semé en couverture à la levée.

Plantation. — La plantation eut lieu au 1er mai à 0.60 entre les lignes, et 0.50 dans les lignes.

Levée. — La levée eut lieu fin mai. Elle fut bonne pour les Impérator, moyenne, pour les farineuses rouges et très bonne pour la lyonnaise.

Végétation. — La végétation a été bonne pour toutes les parcelles, mais une supériorité incontestable s'établit bientôt en faveur des trois parcelles à engrais complémentaire.

Rendements. — Voici le tableau indiquant les rendements à l'hectare.

	Farineuse rouge.	Richter's Imperator.	Lyonnaise.
Fumier seul	14.666	16.600	8.600
Fumier et engrais complémentaires	18.000	20.200	10.800

    La farineuse rouge dosait en fécule . . . 17.30
    La Richter's Impérator d° . . . 19.20

Les produits des parcelles aux engrais complémentaires étaient composés de tubercules très forts et très réguliers. Ceux des parcelles au fumier étaient moins uniformes.

La farineuse rouge contenait très peu de tubercules gâtés
La Richter's Impérator   d°   peu   d°
La lyonnaise   d°   beaucoup   d°

MM. CROMBET et GAMACHE, à Cappelle.

M. Gamache, instituteur à Cappelle, avait installé, en collaboration avec M. Crombet, cultivateur, un champ d'expériences où il avait réuni 16 variétés de pommes de terre, dont il voulait comparer les rendements, et connaître l'influence que peut exercer le sulfate de potasse, sur la richesse en fécule.

Nature du sol. — Argileux.

Plantes précédentes. — Blé en 1888, betteraves porte graines en 1889 et blé en 1890.

Fumures. — 110 kil. tourteaux de colza. . . . . .⎫
           460 kil. sulfate d'ammoniaque. . . ⎬ à l'hectare.
           120 kil. sulfate de Potasse. . . . . .⎭

Plantation. — Les pommes de terre ont été plantées à 0.70 entre les lignes.

REMARQUES SUR LA MALADIE

LESQUINS. — 14 juillet. — Quelques feuilles sont attaquées.

EARLY-PATATO. — 16 juillet. — Commencement de la maladie qui se développe très vite et qui fit des progrès très rapides.

MARJOLIN. — 20 juillet. — Commencement de la maladie dans la partie non sulfatée ; quelques jours après, toute la partie a été atteinte.

LONGUE ROUGE DU PAYS. — 20 juillet. — Maladie à progrès très rapide. Rendement nul.

JUNO. — 20 juillet. — Résiste assez bien ; progrès lents.

ROSALIE. — 22 juillet. — Quelques feuilles jaunes, la maladie s'est bien manifestée vers le 10 août.

INSTITUT DE BEAUVAIS. — 25 juillet. — Quelques tiges sont atteintes de la gangrène surtout dans la partie humide du terrain. Résiste assez bien.

Prince Minister. — 13 août. — Maladie à progrès rapides.

The Colonel. — 15 août. — En quelques jours les tiges ont complètement disparu et à la récolte 2/3 au moins des tubercules gâtés.

Richter's Imperator ⎫
Johnson's Main Crop Kidney ⎬ 17 août. — Ces 3 variétés ont été attaquées en même temps, la maladie a été lente et les tubercules ont eu le temps de mûrir.
Magnum Bonum ⎭

Merveille d'Amérique ⎫ 25 août. — Ces 2 variétés ont fleuri longtemps elles ont bien résisté à la maladie.
Farineuse rouge ⎭

Paulsen. — 25 septembre. — Quelques tiges sont atteintes ; la maturité est à peu près complète.

Riesen. — Variété qui n'a aucune trace de maladie.

Le tableau suivant donne les rendements des différentes variétés.

	Noms des Variétés	Surface de chaque parcelle.	Rendement de chaque parcelle.	Rendement à l'hectare.
		ares		
1	Institut de Beauvais............	9 36	1.275	13.621
2	Marjolin.......................	4 68	449	9.594
3	Riesen.........................	4 68	1.793	38.314
4	The Colonel....................	3 90	212	5.435
5	Johnson's Main Crop kidney	3 90	432	11.076
6	Prince Minister	4 68	165	3.526
7	Early Patato...................	3 12	140	4.487
8	Richters Imperator.............	3 12	529	16.955
9	Rosalie........................	1 56	182	11.666
10	Merveille d'Amérique...........	1 56	153	9.807
11	Farineuse rouge................	1 56	191	12.243
12	Magnum bonum..................	4 68	488	10.427
13	Lesquin	3 90	143	3.666
14	Longue rouge du pays...........	1 56	24	1.538
15	Juno..........................	0 78	47	6.025
16	Paulsen	5 46	944	17.290

Une partie du champ n'avait pas reçu de sulfate de potasse, afin d'examiner l'influence de ce sel sur les rendements et la richesse en fécule.

Lors de l'arrachage, aucune différence ne fut constatée. Mais des échantillons furent néanmoins prélevés dans les deux parties, et l'analyse donna les résultats suivants, qui, comme on le verra, sont contradictoires, et par conséquent n'offrent que peu d'intérêt.

	Teneur en fécule.	
	Parcelles sans sulfate de potasse.	Parcelles avec sulfate de potasse.
Merveille d'Amérique	17.2	17
Institut de Beauvais	18.2	17.1
Longue rouge du pays	16.2	17
Rosalie	17	17
Lesquin	20.1	20
Magnum bonum	17	17.8
Junon	16.5	16.2
Marjolin	17	17.5
The Colonel	17	18
Blanc Riesen	19	19.5
Paulsen (?)	20	20
Early Patato	18	18
Johnson's Kidney	19.2	19
Prince Minister	17.5	17
Farineuse rouge	18	18
Richter's Imperator	20.5	20

M. Aug POTIÉ, à Haubourdin.

Contenance totale .... 2 hect. 14 ares, 87 c.
Contenance des parcelles ... . 14 ares 61, à 47 ares 84.
Nombre des parcelles..... 7.

Nature du sol. — Argilo-siliceux.

Plantes précédentes. — Betteraves de distillerie.

Nature des essais. — Sept variétés avaient été mises en présence.

1° La merveille d'Amérique .... 14 ares 61
2° La Rosalie (prov. Vilmorin) .... 21 — 26
3° La Canada .... 18 — 60
4° La Junon (prov. Vilmorin) .... 17 — 72
5° La Rose farineuse (prov. Vilmorin) .... 47 — 84
6° La Richter's Imperator .... 47 — 84
7° L'Institut de Beauvais .... 47 — 00

La levée a été bonne pour toutes les variétés ; la végétation a été très régulière et très normale. Voici les appréciations que M. Potié donne sur chaque variété :

« *Merveille d'Amérique.* » — Végétation lente ; tige bien développée d'une hauteur moyenne ; maturité le 10 octobre ; les tubercules sont également gros, d'une forme ronde, quelquefois légèrement allongée, d'une couleur rougeâtre. — Variété légèrement attaquable par la maladie (7 % de tubercules avariés) ; cette pomme de terre doit être plantée assez rapprochée, 0.45, sur 0.60, afin d'avoir des tubercules moins gros.

Rosalie. — Végétation très active, la tige peu développée n'atteint qu'une hauteur de 0.30 à 0.40 d'un vert pâle ; maturité du 1er au 15 octobre. Les tubercules sont petits, très irréguliers, très nombreux, et d'une couleur légèrement rosée, très attaqués par la maladie (20 % de tubercules avariés).

Cette pomme de terre doit être plantée à 0.60 sur 0.60 au minimum de façon à permettre aux tubercules de se développer. Dans tous les cas, elle est d'une qualité inférieure, et ne présente surtout pas les caractères à rechercher pour une variété industrielle.

Canada. — Végétation très active ; la tige très développée ; hauteur 1m ; maturité du 25 septembre au 10 octobre. Les tubercules sont très gros, d'une forme allongée, se rapprochant beaucoup de ceux de l'Imperator, couleur extérieure grisâtre. Pas de maladie ; si l'analyse donne en fécule un rendement aussi grand que pour l'Imperator, cette variété pourra chez nous, lui être supérieure ; elle résiste mieux à la maladie ; elle l'emporte par le rendement en poids, et la régularité de ses tubercules.

Junon. — Cette variété a pris le plus grand développement comme végétation, n'est arrivée à maturité qu'au 1er novembre, et encore à cette époque, une grande partie des tiges n'étaient pas sèches. La maturité n'est que du 1er novembre au 15. Les tubercules sont d'une forme ronde, légèrement rosés, très nombreux ; on en trouvait jusque 40 et même 50 sur une plante. Ils sont d'une grosseur moyenne, rappelant les tubercules de la variété Lesquin ; pas de maladie.

Si cette variété pouvait servir à la consommation, elle serait certainement plus avantageuse que les autres, car les tubercules sont nombreux, de forme régulière, et rappellent tout à fait les pommes de terre que l'on consomme habituellement dans les environs de

Lille. Seulement, sa chair est blanche, et chacun sait que dans notre pays, la consommation exige des tubercules à chair jaune.

Rose farineuse. Variété tout à fait semblable à la merveille d'Amérique, même végétation, et observations identiques.

Richter's Imperator. — Variété froide et tardive; la récolte ne peut se faire avant le 10 octobre ; convient bien à la féculerie et à la distillerie ; elle pourrait faire diversion à la culture de la betterave dans notre pays, par sa richesse en fécule, et son rendement. Elle résiste bien à la maladie.

Institut de Beauvais. — Végétation ordinaire ; grande précocité ; maturité du 30 juillet au 15 août ; cette variété présente un sérieux avantage sur les autres espèces industrielles ; elle peut permettre à une féculerie de commencer sa fabrication,1 mois plus tôt. Elle donne généralement un rendement très élevé ; les tubercules sont légèrement rosés, beaucoup plus gros que ceux de la Junon ; 3 % seulement de tubercules avariés.

Rendements :

	Rendement en poids à l'hectare.	Richesse en fécule Anhydre.
Merveille d'Amérique...	14.150	17
Rosalie	19.600	14.50
Canada	22.000	17.20
Junon	19.800	16.50
Rose farineux	14.200	16.00
Richter's Imperator	18.000	17.50
Institut de Beauvais	17.200	16.60

M. DUMONT-BEAUVOIS, à Aubigny-au-Bac.

Contenance totale	40 ares.
Contenance des parcelles	2 ares.
Nombre des parcelles : 20.	

M. Dumont a établi les essais dont les résultats vont suivre, dans le but de comparer d'abord les rendements des 20 variétés mises en comparaison. Chaque parcelle était composée de 3 lignes, distantes de 0,66. La ligne N° 1 a été traitée par la bouillie bordelaise ; la ligne N° 2 n'a pas subi de traitement, et la ligne N° 3 a été buttée avec les tiges couchées.

Voici le tableau des résultats :

Numéros des carrés	Variétés	Provenance	Poids des plants	Effets apparents de la bouillie bordelaise au 15 août	Aspect au 15 août	Maturité	Poids des tubercules gâtés, lignes :				Poids des tubercules sains, lignes :				Rendement à l'hectare
			kh.				1	2	3	Total	1	2	3	Total	
1	Farineuse rouge	Vilmorin	9.7	Nul	malade	30 sept.	»	»	»	»	16.5	10.0	14.5	41.0	20.500
2	Junon	»	7.7	»	sain	»	»	»	»	»	13.5	12.5	10.0	36.0	18.000
3	Boursier	»	7.8	Nuisible	»	»	3.0	4.0	4.5	11.5	11.0	11.0	11.0	33.0	16.500
4	Impérator	»	9.0	»	»	»	»	»	»	»	18.0	15.5	18.0	51.5	25.750
5	Hermann	»	3.0	»	sain	5 sept.	»	»	»	»	12.0	16.0	14.0	42.0	21.000
6	Rosalie	»	5.2	Bon	»	10 sept.	»	»	»	»	14.0	15.5	13.5	43.0	21.500
7	Magnum-Bonum	»	5.4	»	»	»	»	»	»	»	14.8	10.0	12.5	37.3	18.650
8	Marjolin	Dessort	4.0	Bon	très malade	20 août	»	»	»	»	5.5	2.5	3.3	10.3	11.650
9	Beauté d'Hébron	»	5.0	Nul	peu malade	5 sept.	2.0	2.5	2.7	7.2	13.3	9.0	10.5	38.8	19.400
10	Geante de Reading	»	6.0	très bon	»	»	»	»	»	»	14.0	10.8	12.0	36.8	18.400
11	Longue d'Hollande	»	6.4	Nul	malade	20 août	»	»	»	»	7.5	5.5	6.0	39.0	19.500
12	Imperator	»	7.5	Nuisible	sain	30 sept.	»	»	»	»	16.0	16.0	16.0	48.0	24.000
13	Shouflack	»	6.2	Nul	a. sain	5 sept.	»	»	»	»	13.5	15.8	12.7	42.0	21.000
14	Early Rose	»	7.0	très bon	malade	25 août	»	»	»	»	9.8	11.5	6.3	36.5	18.250
15	Rouge ronde	Mesand	5.5	Nul	sain	5 sept.	»	»	»	»	12.8	8.6	9.0	24.7	12.350
16	Longue jaune anglaise	»	6.0	très bon	a. sain	30 août	»	»	»	»	13.5	10.0	15.5	31.8	15.900
17	Meilleure de Bellevue	Vilmorin	4.0	Nul	saine	30 sept.	»	»	»	»	13.5	14.0	15.5	43.0	21.500
18	Ronde jaune ordinaire	Dumont	4.5	Bon	peu malade	5 sept.	»	»	»	»	9.2	7.3	5.0	24.5	19.750
19	Longue d'Hollande	Vilmorin	3.5	Bon	»	5 sept.	»	»	"	»	5.4	3.9	2.9	12.2	6.100
20	Longue rose	Decarpigny	5.0	Bon	malade	5 sept.	»	»	»	»	7.5	5.5	3.0	16.0	8.000
	Totaux		120.4				5.0	6.5	7.2	18.7	242.8	240.9	205.7	659.4	16.500

Il résulte des chiffres du tableau précédent, que le poids des tubercules sains récoltés dans toutes les lignes n° 1, traitées par la bouillie bordelaise, est supérieur à celui donné par les deux autres lignes. Quant aux variétés, c'est l'Imperator qui tient la tête. Il est regrettable que ces différentes variétés n'aient pas été analysées.

M. BOULANGÉ, à Salesches.

M. Boulangé avait mis en comparaison 3 variétés :

> La Champion,
> La Chardon,
> La Richter's Imperator.

Ces 3 variétés étaient plantées dans un terrain argileux qui venait de porter un blé après betteraves.

Les betteraves avaient eu du fumier, et le blé du nitrate de soude.

Les pommes de terre reçurent :

> 150 k. Chlorure de potassium .... ⎫
> 100 k. Nitrate de soude................ ⎬ à l'hectare.
> 200 k. de Phosphates de Pernes .... ⎭

La plantation eut lieu le 29 avril, à 0.70 entre les lignes. L'arrachage le 1er octobre.

Les rendements à l'hectare furent les suivants :

	Rendements en poids.	Richesse en fécule anhydre.
Champion	8.678	18.20
Chardon...................	3.836	»
Impérator.................	9.844	19.80

Toutes les parcelles furent attaquées par la maladie. La Champion et l'Imperator furent cependant presque indemnes. Quant à la Chardon, 1/4 de son produit fut avarié.

M. COQUELLE, à Mastaing.

M. Coquelle avait mis en comparaison la Richter's Imperator avec la variété du pays. La végétation de cette plante a été tellement anormale à Mastaing, que M. Coquelle n'a pas cru devoir faire peser les produits. Il a cependant remarqué que l'Imperator a néanmoins fourni des rendements supérieurs aux autres espèces, et que cette variété était moins attaquée par la maladie.

M. Désiré BECQUET, à Mons-en-Barœul.

M. Becquet a cultivé côte à côte les 3 variétés suivantes :

La Richter's Imperator,
La Magnum bonum,
La Merville.

Ces trois variétés ont été plantées dans la première quinzaine d'avril sur une terre qui venait de porter des betteraves qui avaient été gelées. Les lignes étaient distantes de 0.60; les Imperator ont été placées à 0.50 dans les lignes, les Magnum bonum à 0.40 et les Merville à 0.30

Les Merville ont eu la maturation la plus précoce.

Rendements :

	Rendements en poids à l'hectare.
Magnum bonum	22.500
Imperator	20.000
Merville	13.500

M. GHESTEM, à Verlinghem.

Nous avions adressé des pommes de terre Richter's Imperator à M. Ghestem pour les cultiver comparativement avec la variété du pays : M. Ghestem ne nous fournit aucun renseignement, ni sur la végétation ni sur les rendements.

M. A. LEBECQUE, à Teleghem.

Les essais de M. Lebecque portaient sur sept variétés, qui avaient été plantées côte à côte sur une terre qui portait du blé en 1890. On y avait mis du fumier et 125 k. de nitrate à l'hectare pour pommes de terre.

La végétation n'a pas été normale, car l'année a été très défavorable aux pommes de terre.

Les longues jaunes hâtives (Forgeot), ont énormément souffert de la maladie. Les six semaines, les 9 semaines, les longues jaunes tubercules non coupés, et la même variété à tubercules coupés, ont été attaqués, mais moins fortement. Les Imperator seules n'ont pas été atteintes.

Voici les rendements donnés par les différentes parcelles :

	Rendements à l'hectare.
	kil.
Richter's Imperator (Lebecque).......	19.600
Id. (Comon)..........	22.700
Longues jaunes hâtives (Forgeot).....	8.800
Rondes jaunes (6 semaines).........	12.300
Rondes jaunes (9 semaines).	14.600
Longues jaunes (non coupés).........	13 500
Longues jaunes (coupés).	12.200

M. MOUSSAIN, à Assevent.

M. Moussain comparait le Magnum bonum à l'Imperator.

Ces deux variétés étaient plantées sur une terre argileuse, fumée au fumier et à un engrais complémentaire composé de superphosphate, nitrate et sel de potasse, après orge.

La plantation avait eu lieu le 26 avril.

Les Magnum bonum avaient été plantés entiers, la moitié des Imperator avaient été coupés.

Le 15 octobre, on procéda à l'arrachage, et l'on obtint comme rendements :

	Rendements en poids à l'hectare.	Fécule anhydre %.
Imperator	15.000	22
Magnum bonum	16.250	15.20

Le rendement inférieur de l'Imperator, est dû certainement à ce que les tubercules ont été coupés pour la plantation.

Les Magnum bonum n'ont pas été atteintes par la maladie. — Les Imperator l'ont été dans la proportion de 5 %.

M. A. STÉVENOOT, à Armbouts-Cappel.

M. Stévenoot avait mis en comparaison, les 2 variétés : Richter's Imperator et l'Audenarde belge.

½ de chacune des variétés a été planté avec des tubercules entiers, et ½ avec des tubercules coupés.

La plantation avait eu lieu le 4 avril, et la levée s'était faite pour les Imperator au bout de 32 jours, et pour les Audenarde au bout de 39 jours.

Les tubercules plantés entiers ont produit notablement plus que ceux qui étaient coupés. La maladie a commencé à se faire voir vers la fin d'août, et les fanes n'ont été desséchées pour les 2 variétés que vers le 10 octobre.

Cependant vers le 20 juillet, quelques plants d'Imperator ont jauni, et au bout de quelques jours étaient complètement desséchés. Il s'agit ici de la gangrène de la tige, que nous avons pu constater déjà sur cette même variété en 1890 chez M. Stévenoot. Les effets de cette maladie se font surtout sentir lorsque les tubercules ont été coupés pour la plantation.

Les rendements ont été les suivants :

	Rendements à l'hectare.	Fécule anhydre %.
Richter's Imperator	38.840	19
Audenarde belge	35.080	19.50

Les 2 variétés ont assez bien résisté à la maladie.

M. F. WINTREBERT à Gravelines.

Contenance totale.......................... 58 ares.
Contenance des parcelles.................... 18 à 22 ares.
                    Nombre de parcelles : 3.

M. Wintrebert avait mis dans un sable vierge défriché à 0.80 l'année même, les 3 variétés suivantes :

Richter's Imperator.

Farineuse rouge.

Lesquin.

Les tubercules avaient été plantés à 0.35 entre les lignes pour les Lesquin et farineuse rouge, et à 0.40 pour les Imperator, et à 0.35 dans les lignes.

La levée avait eu lieu le 18 mai pour les Imperator et les Lesquin, le 16 pour la farineuse rouge.

Les rendements ont, comme nous allons le voir été très faibles ; la sécheresse dans ces parages qui a eu lieu en mai, juin, et juillet sont, avec la nature du terrain (sable vierge) les principales causes du peu de produits obtenus.

	Rendements à l'hectare.	Fécule anhydre, 0/0.
Imperator........................	6.460	21.60
Farineuse rouge...............	7.200	17.20
Lesquin.....................	5.320	18.20

M. Wintrebert préfère néanmoins l'imperator, qui levée régulière dans un terrain plus favorable, donnerait un gros rendement ; elle est selon lui plus avantageuse aussi par suite de sa richesse en fécule et de sa résistance à la maladie.

L'année 1891 a été aussi peu favorable que possible aux pommes de terre dans notre région ; les essais qui ont été faits sur cette plante, sur les résultats desquels nous avons eu soin de ne pas nous appesantir, puisque la végétation n'avait pas été normale, n'offrent donc qu'un très médiocre intérêt.

Malgré ces conditions défectueuses, on pourra remarquer, que dans la plupart des cas, l'Imperator est encore la variété qui a pu fournir les plus forts rendements, et qu'en général, elle a été moins atteinte par la maladie que les autres espèces mises en comparaison.

Nous ajouterons aussi que dans la presque totalité des cas, cette même variété, donnait à l'analyse une richesse en fécule supérieure.

Nous n'avons pu nous procurer qu'en petite quantité cette année la *Blaue Riesen* ou géant bleu que nous aurions beaucoup désiré expérimenter. C'est une variété qui, sans être aussi féculière que l'Imperator, laisse ordinairement celle-ci loin derrière elle au point de vue du rendement. Nous comptons en 1892, l'essayer en grand.

CÉRÉALES

Nous avons continué en 1891, la vulgarisation d'un certain nombre de variétés avantageuses. Quelques essais d'engrais ont aussi été établis.

SEIGLE

M. JOUVENEAUX, à Château-l'Abbaye.

Contenance totale.............................. 24 ares 42
Contenance des parcelles........................ 4 ares 07
Nombre des parcelles.. 6.

Nature du sol. — Siliceo-argileux.

Dernière récolte. — Blé.

Nature des essais.

VARIÉTÉS ..... { Seigle du pays,   parcelles 2 4 6.
              { Seigle de Schlanstedt,   —   1 3 5.

FUMURE TÉMOIN.   Sans engrais.................. (1 et 2) { Dépense à l'hectare, 0 fr.

FUMURE D'ESSAI. { Chlorure de potassium............ { 3 et 4. { Dépense à l'hectare, 55 fr.
               { Nitrate de soude .... {

FUMURE D'ESSAI. { Chlorure de potassium............ }
               { Nitrate de soude .... 5 et 6. } Dépense à l'hectare 95 fr. 56.
               { Superphosphates.. .... }

Semailles. — 22 octobre.

Levée. — Bonne pour toutes les parcelles, le 5 novembre.

Résistance à l'hiver. — Toutes les parcelles ont assez bien résisté à l'hiver rigoureux de 1890-91, mais sont claires.

Végétation. — Vers le 25 mai, l'effet des engrais est très visible. Le Schlanstedt a pris de l'avance au printemps ; sa paille est plus haute et plus forte, et au moment de l'épiage, on peut être assuré que son grand épi bien fourni, donnera un rendement supérieur.

Rendements à l'hectare :

		Sans engrais.	Chlorure de potassium et nitrate.	Chlorure de potassium nitrate superphosphates.
Seigle du pays.	Nᵒˢ des parcelles.....	2	4	6
	Grain.............	2105	2002	1548
	Paille.............	5921	5860	5749
Schlanstedt.	Nᵒˢ des parcelles.....	1	3	5
	Grain.............	2027	2592	2666
	Paille.............	6228	7064	6572

	Grain.	Paille.
En moyenne le seigle du pays a produit..	1885 k.	5843 k.
le Schlanstedt id.	2029	6021

Il n'y a pas lieu d'apprécier l'action des engrais sur le seigle du pays parce que, pour des raisons de constitution physique la parcelle 6, et peut-être la parcelle 4, en partie, ont été déchaussées après l'hiver, et se sont toujours montrées pour cette cause inférieures à la parcelle 2.

Le seigle de Schlanstedt ayant mieux résisté, il est possible d'établir une comparaison entre les parcelles 1, 3, 5.

Le chlorure de K. et le nitrate de soude appliqués à la parcelle 3 ont amené une augmentation de rendement de 565 kilog. de grain et de 836 kilog. de paille à l'hectare, ce qui représente aux prix de 20 fr. pour le grain et de 40 fr. pour la paille, une plus-value de 146 fr. 44.

Les débours pour engrais étant de 55 fr., il reste un boni de 91 fr. 44 par hectare.

Un calcul analogue ne donne pour la parcelle 5 qu'un boni de 46 fr. à l'hectare sur la parcelle témoin.

Le seigle de Schlanstedt, sans avoir donné les résultats merveilleux qu'on en attendait, ce qui est certainement dû aux conditions climatologiques de l'année, s'est cependant montré bien supérieur au seigle du pays. Beaucoup de cultivateurs se sont fait inscrire pour avoir de la semence; les 296 kilog. de grain récoltés seront loin de permettre de satisfaire toutes les demandes; c'est le meilleur argument que l'on peut avancer en sa faveur.

BLÉ.

M. C. DEHARWENG, à Douzies.

Contenance totale........................ 191 ares 55.
Contenance des parcelles.................. 30 ares.
Nombre des parcelles...................... 6.

M. Deharweng devait expérimenter, en outre des deux farineuses, quatre variétés d'automne, le Stand'up, le Dattel, l'épi carré jaune, et un mélange de Stand'up et de Dattel. Mais les froids étant arrivés les quatre variétés n'ont pas été ensemencées. En février, elles furent remplacées par 3 blés de février :

Le blé bleu de Noë. (Nᵒˢ 1 à 4).

Le rouge St-Laud. (Nᵒˢ 2 à 5).

Le blé de Bordeaux. (Nᵒˢ 3 à 6).

Les parcelles 1, 2 et 3, ont reçu :

530 k. superphosphates.

90 k. chlorure de potassium.

140 k. nitrate de soude.

La levée a été assez bonne pour les 3 variétés.

Dès l'arrivée du printemps, les 3 parcelles à engrais d'essai ont pris beaucoup d'avance et l'ont conservé jusqu'à la récolte.

Rendements à l'hectare :

		Sans engrais.	Superphosphate, chlorure de potassium, nitrate.
Bleu de Noë.	Nᵒˢ des parcelles	4	1
	Grain	1112 k.	1284 k.
	Paille	3290	3836
Rouge St-Laud.	Nᵒˢ des parcelles	5	2
	Grain	1801 k.	1964 k.
	Paille	4198	4473
Rouge de Bordeaux.	Nᵒˢ des parcelles	6	3
	Grain	1629 k.	2146 k.
	Paille	3509	4824

Voici les moyennes des rendements pour les trois variétés :

	Grain.	Paille.
Bleu de Noë	1198 kil.	3563 kil.
Rouge St-Laud	1882 »	4335 »
Rouge de Bordeaux	1887 »	4160 »

La supériorité est acquise au blé de Bordeaux, mais avec une faible différence sur le St-Laud. Le bleu de Noë est bien inférieur.

Si nous établissons les moyennes pour les engrais, nous arrivons aux chiffres suivants :

	Grain.	Paille.
Sans engrais...............	1514 kil.	3665 kil.
Engrais d'essai............	1798 »	4377 »

Les parcelles à engrais d'essai sont donc manifestement supérieures. Si l'on compte le blé à 24 fr. les 100 k. et la paille à 40 fr. les 1000 k., on peut facilement calculer que la fumure d'essai qui ne coûte que 95 fr. à l'hectare, est largement compensée par l'excédent de produits.

M. Denis DRECQ, à Salesches.

Contenance totale........................... 72 ares.

Contenance des parcelles .... 9 »

Nombre des parcelles : 8.

M. Denis Drecq s'est trouvé dans les mêmes conditions que M. Deharweng; il devait semer des variétés d'automne, qui, en février, durent être remplacées par les blés suivants :

Blé rouge de St-Laud ;

Blé bleu de Noë ;

Blé rouge de Bordeaux ;

Blé américain (fourni par M. Denis Drecq).

4 parcelles reçurent 600 kil. de superphosphates. . .
150 kil. de nitrate. . . . . . } à l'hectare.

Les quatre autres restèrent sans engrais.

Végétation. — Le blé de Noë était meilleur au début. Il fut bientôt dépassé par le blé de Bordeaux, qui avait levé plus lentement. Les parcelles avec engrais présentaient aussi un aspect plus luxuriant. Les rendements, d'ailleurs, confirmèrent les prévisions.

Rendements à l'hectare :

		Sans engrais.	Fumure d'essai
St-Laud	Numéros des parcelles..	5	1
	Grain	1977	2466
	Paille	3055	3880
Noë	Numéros des parcelles	6	2
	Grain	1877	1988
	Paille	2888	3833
Bordeaux	Numéros des parcelles	7	3
	Grain	2200	2655
	Paille	3611	4611
Américain	Numéros des parcelles	8	4
	Grain	1766	1888
	Paille	4055	4833

Les moyennes des rendements des variétés donnent :

	Grain.	Paille.
St-Laud	2221	3467
Noë	1932	3360
Bordeaux	2427	4111
Américain	1827	4440

Le blé de Bordeaux tient donc le 1er rang.

Si l'on calcule les moyennes des rendements au point de vue des engrais on arrive aux chiffres suivants :

	grain.	paille.
Sans engrais	1.955	3.402
Engrais d'essai	2.249	4.239

Les parcelles avec engrais d'essai sont donc supérieures. Elles sont avantageuses, car si l'on compte le grain à 25 fr. et la paille à 42 fr. on arrive à un excédent qui dépasse de beaucoup 70 fr. par hectare qui est le prix de revient de la fumure d'essai.

M. L. DUBUS, à Tourmignies.

Contenance totale................. 2 h. 02.
Contenance des parcelles........... 12 a. 64.
Nombre des parcelles : 16.

M. Dubus, devait, comme MM. Denis Brecq et Deharweng, comparer deux fumures, et trois variétés. Le Cambridge, Dattel et

Stand'up. Les froids ne lui permirent pas de semer, et en février, nous lui envoyâmes les trois variétés suivantes :

> Blé rouge de Bordeaux,
> Blé bleu de Noë,
> Rouge de Saint-Laud.

Auxquelles il ajouta, comme témoin, la variété la plus communément semée dans le pays en 1891 en février, le blé blanc à épi carré dit d'Houplin.

Mais, comme la pièce où étaient installés les expériences est grande, il sema à côté de ces quatre variétés, les trois blés qui avaient été semés en automne. Seulement, la moitié de ces dernières bandes ne reçut que du nitrate, et l'autre moitié resta sans engrais.

Dans ces conditions ces trois derniers blés ne peuvent être comparés aux quatre autres que par les parcelles au nitrate seul.

La végétation a été très normale pour les sept variétés, et elle était à peu près régulière ; cependant des différences très sensibles se marquèrent de bonne heure, elles sont exactement traduites par les résultats :

		Sans engrais.	Nitrate seul.	Nitrate et superphos- phates.
Blé d'Houplin	N⁰ˢ des parcelles	»	1	6
	Grain	»	2.544	2.754
	Paille	»	7.832	8.386
Bordeaux	N⁰ˢ des parcelles	»	2	7
	Grain	»	3.180	3.557
	Paille	»	8.069	8.780
Noë	N⁰ˢ des parcelles	»	3	8
	Grain	»	1.810	2.017
	Paille	»	7.397	7.856
Saint-Laud	N⁰ˢ des parcelles	»	4	9
	Grain	»	2.389	2.706
	Paille	»	6.012	6.289
Stand'up	N⁰ˢ des parcelles	12	11	»
	Grain	3.093	3.575	»
	Paille	8.504	9.018	»
Dattel	N⁰ˢ des parcelles	14	13	»
	Grain	2.733	3.046	»
	Paille	7.334	7.673	»
Cambridge	N⁰ˢ des parcelles	15	16	»
	Grain	2.862	3.101	»
	Paille	7.856	7.752	»

Si l'on ne considère que la colonne « *nitrate seul* » où les 7 variétés sont, comparables on remarque que de tous ces blés semés en février, c'est le stand'up, variété d'automne, qui tient la tête, le Bordeaux, le Cambridge et le Dattel le suivant de loin. Ce résultat n'étonnera personne, car chacun sait que la saison végétative 1891 a été si exceptionnelle que toutes les variétés d'automne, semées en février ont parfaitement mûri.

Si, maintenant, nous ne comparons plus que les 4 blés de février, nous trouvons qu'ils rendent en moyenne

	Grain	Paille
Houplin	2649	8109
Bordeaux	3368	8424
Noë	1913	7626
St-Laud	2547	6150

Le Bordeaux dans ces conditions revient en tête avec une avance considérable.

Si nous calculons les moyennes des rendements de ces 4 variétés au point de vue de la fumure, nous trouvons les chiffres suivants :

	Grain	Paille
Nitrate seul	2480	7327
Superphosphates et nitrate	2758	7827

La différence est en faveur des superphosphates ; on peut donc considérer ce mode de complément de fumure, comme bon et *avantageux*, pour la terre sur laquelle nous avons expérimenté.

M. LEFEBVRE, à Montay.

Contenance totale	50 ares
Contenance des parcelles	12 ares 50

Nombre des parcelles : 4

Nature du sol. — Argileux.

Dernières récoltes. — Blé et Trèfle.

Nature des essais { Deux variétés. { Le Chiddam de mars
Le rouge de Bordeaux

Deux fumures { Sans engrais
600 k. superphosphates } Dépense à l'hectare
150 kil. nitrate } 74 fr. 40

Semailles. — 2 avril.

Levée. — Bordeaux 20 avril.

Chiddam 24 avril.

Végétation. — Assez bonne, surtout pour le Bordeaux qui prit une certaine avance, principalement dans les 2 parcelles à engrais d'essai.

Récolte. — La récolte eut lieu dans d'assez bonnes conditions.

La pesée donna les résultats suivants :

Rendements :

		Sans engrais.	Superphos-phates et nitrate.
BORDEAUX	Nos des parcelles	**1**	**2**
	Grain	1000	1200
	Paille	7000	7440
CHIDDAM	No des parcelles	**3**	**4**
	Grain	1760	1680
	Paille	5000	5600

Les rendements les plus élevés sont ici donnés par le Chiddam ; les engrais semblent avoir nui à cette variété, tandis qu'ils paraissent avoir été très avantageux au Bordeaux, qui, d'ailleurs, est une variété plus exigeante.

De l'ensemble de nos essais sur blé, il semble ressortir tout d'abord, que le blé de Bordeaux, mis en comparaison avec le blé bleu de Noë et le blé de St-Laud, a toujours été supérieur tant au point de vue de la paille qu'à celui du grain.

Mis en comparaison avec les blés d'automne, il n'aurait pas toujours obtenu le 1er rang ; les résultats de Tourmignies le prouvent. Si cette comparaison n'a pas été tentée, il faut en chercher la raison dans le peu de confiance que nous avions en février 1891 pour les blés d'automne semés à cette époque. C'est ce qui a fait que partout, nous avons fait ensemencer des variétés de février, qui avaient toutes beaucoup de chances, si l'année avait été normale, d'arriver seules à maturation. Mais l'année a été *exceptionnelle*, et tous les blés, même les plus tardifs, ont réussi. Il ne faudrait pas conclure de cette particularité, spéciale à l'été de 1891, que l'on peut sans crainte semer en février toute variété d'automne, on pourrait arriver à des mécomptes. Nous avons appris que de nombreux cultivateurs se sont mis dans ce cas en 1892 ; nous ne savons pas actuellement ce que sera l'été prochain, mais il y a beaucoup de chances pour qu'ils soient désillusionnés sur le rendement de leurs variétés d'automne, semées à une époque aussi tardive.

Quant aux essais d'engrais complémentaires que comportaient tous les champs, ils ont donné des résultats en faveur de l'emploi des superphosphates et du nitrate de soude, sauf à Montay, où le fait contraire s'est produit pour le Chiddam.

AVOINE.

M. *Arthur BELLE*, à *Bourbourg.*

Nature du sol. — Argilo-siliceux.

Plante précédente. — En 1890 Betteraves à sucre avec fumier, superphosphates et nitrate.

Nature des essais. — Cinq variétés d'avoines ont été mises en ligne :

Avoine jaune de Flandre (salines).
— blanche de Pologne.
— noire de Hongrie (variété Prunier).
— blanche de Ligowo.
jaune Géante à grappes.

Sauf pour l'avoine des salines, qui a été placée dans une situation défavorable, puisqu'elle occupait l'emplacement du passage des charriots de betteraves, les essais ont été faits dans de bonnes conditions.

Semailles. — 15 Avril.

Levée. — La levée des produits pour toutes les variétés dans les premiers jours d'avril sauf pour la blanche de Ligowo, qui a distancé les autres. Elle a été régulière.

Végétation. — Au commencement de mai, les différentes variétés pouvaient se classer comme suit, au point de vue de la précocité :

1° Ligowo.
2° Pologne.
3° Prunier.
4° Géante à grappes.
5° Jaune de Flandre.

L'avoine de Ligowo, puis peu après l'avoine de Pologne, versèrent à peu près complètement.
La plus résistante est la Géante à grappes, qui ne versa pas.

Viennent ensuite :

L'avoine Jaune de Flandre,
L'avoine Prunier,
L'avoine de Pologne
L'avoine de Ligowo,

Voici le tableau des rendements à l'hectare :

	Grain.	Paille.	Poids de l'hectolitre.
Avoine de Pologne....................	3970	8220	48 kil.
Avoine jaune de Flandre (Salines).......	2770	5000	45
Avoine noire de Hongrie (Prunier).......	3960	6000	44
Avoine blanche de Ligowo..............	2900	4615	50
Avoine jaune Géante à grappes	2940	6000	42

7

M. Diomède BELLE, à Loon.

Contenance totale.................... 1 hectare 84
Contenance des parcelles............. 92 ares.
Nombre de parcelles : 2

Deux variétés seulement étaient en présence :
La noire de Hongrie (Prunier)
La jaune géante à grappes.

Plantes précédentes. — En 1889 féveroles avec superphosphates.
En 1890, blé avec fumier et nitrate.

Semailles. — 22 avril, en lignes distantes de 0.16.

Levée. — Le 25 avril pour les 2 variétés.

Végétation. — Bonne végétation pour les 2 variétés. La jaune géante avait néanmoins une apparence plus vigoureuse. Ses feuilles étaient plus larges. Dès l'épiage la jaune géante, prit beaucoup de taille. Malgré ce caractère, elle resta complètement debout. La noire Prunier au contraire versa. C'est ce qui explique son moindre rendement.

Les rendements à l'hectare ont été les suivants :

	Grain.	Paille.
Jaune géante à grappes..............	4100 kil.	8945 kil.
Noire de Hongrie (Prunier)..........	4000	8300

M. C. CALOONE, à Pitgam.

Contenance totale.................... 1 hect. 67
Contenance des parcelles............. 20 ares 50
Nombre des parcelles : 8.

Nature du sol. — Siliceo-calcaire.

Plantes précédentes. — 1889 Betteraves de distillerie.
1890 Blé d'expériences

Nature des essais : Comparaison d'une fumure à l'hectare.

$$\begin{matrix} 5\text{-}6 \\ 7\text{-}8 \end{matrix} \left\{ \begin{matrix} \text{Aux superphosphates} & 500 \\ \text{Chlorure de potassium} & 200 \\ \text{Nitrate de soude} & 200 \end{matrix} \right\} \begin{matrix} \text{Dépense} \\ 119 \text{ fr.} \\ \text{à l'hect.} \end{matrix}$$

$$\begin{matrix} 1\text{-}2 \\ 3\text{-}4 \end{matrix} \left\} \text{ Au nitrate de soude 225 kil. à l'hectare. Dépense 45 fr.}\right.$$

Semailles. — 7 mars.

Levée. — 1er avril avoine bl. de Ligowo ; les autres variétés, quelques jours plus tard. Elle a été régulière.

Végétation. — L'avoine blanche de Ligowo, dès le début de la végétation se montra plus hâtive. La jaune géante à grappes au contraire plus tardive.

Récolte et rendements. — La récolte eut lieu dans d'assez bonnes conditions.

		Nitrate seul.	Nitrate, superphosphates et chlorure de K.
Avoine du pays	Numéros des parcelles	8	1
	Grain	3.826	3.395
	Paille	6.839	6.327
Avoine des Salines	Numéros des parcelles	7	2
	Grain	3.498	3 527
	Paille	5.565	6 333
Avoine jaune géante à grappes	Numéros des parcelles	6	3
	Grain	3.374	4.176
	Paille	5.201	6.765
Avoine blanche de Ligowo	Numéros des parcelles	5	4
	Grain	4.002	4 407
	Paille	5.865	6.102

		Grain.	Paille.
Moyenne des rendements	Avoine du pays	3.610	6.583
	— des Salines	3.512	5.949
	— jaune géante à grappes	3.775	5.985
	— blanche de Ligowo	4.204	5.983
	Nitrate seul	3.675	3.876
	Nitrate, chlorure et superph.	5.867	6.381

M. CAUDRELIER, à Roost-Warendin.

M. Caudrelier avait établi un essai de 5 variétés :

1° Avoine du pays (jaune de Flandre);
2° Jaune géante à grappes;
3° Blanche de Ligowo;
4° Noire de Hongrie;
5° Hâtive de Sibérie.

La végétation a été très bonne, mais les orages ont complètement culbuté toutes les variétés avant la maturation. Celle-ci a donc été très mauvaise, et M. Caudrelier n'a pas cru devoir peser les produits. Il pense néanmoins que la jaune géante à grappes est préférable pour le pays; elle est la plus vigoureuse, la plus résistante à la verse, et c'est elle qui devait donner le plus de rendements. L'avoine de Ligowo viendrait ensuite, comme rendement en grain, mais elle donne peu de paille. La noire de Hongrie donne aussi beaucoup de paille et de grain, mais le grain n'avait pas de noyau.

Quant à l'avoine hâtive de Sibérie, elle serait à rejeter car elle rend peu en paille et en grain et ce grain est petit et maigre.

M. A. CHARLET, à Noordpeene.

Contenance totale............................	66 ares.
Contenance des parcelles......................	33 ares.
Nombre des parcelles.........................	2

M. Charlet avait mis en comparaison l'avoine jaune de Flandre avec la jaune géante à grappes, sur une bonne terre fumée pour la récolte précédente aux nitrate et superphosphate, et sans engrais pour les avoines.

La levée et la végétation ont été bonnes pour les 2 variétés qui se sont développées normalement. Mais la jaune de Flandre versa complètement lors des pluies de la fin de juin et de l'orage du 7 juillet. La jaune géante à grappes résista, et quoiqu'inclinée mûrit dans de bonnes conditions.

Voici les rendements constatés :

	Rendements en		Poids de l'hectolitre.	Valeur marchande	
	grain.	paille.		des 100 k.	des 1000 k.
Avoine jaune de Flandre	3.045	6.200	45 k.	22.50	40 fr.
Avoine jaune geante à grappes	3.948	7.525	46	23.40	45

M. ESTYLE, à Condé.

Contenance totale.................... 81 a. 80
Contenance des parcelles............. 10 a. 10
Nombre des parcelles : 8.

Nature du sol. — Argileux.

Cultures précédentes. — Betteraves avec fumier, phosphates et nitrate en 1889.
En 1890, blé avec nitrate.

Nature des essais. — 1° Comparaison du nitrate de soude (150 k. à l'hectare) et du sulfate d'ammoniaque 110 k. à l'hectare.

2° Comparaison des variétés d'avoine suivantes :

Blanche de Ligowo.
Jaune geante à grappes.
Jaune des salines.
Avoine du pays.

Semailles. — 2 avril.

Epandage des engrais. — Le nitrate et le sulfate d'ammoniaque ont été semés en couverture à la levée.

Levée. — 20 avril.

Végétation. — La végétation a été normale pour toutes les variétés, mais peu avant la récolte, toutes les variétés ont été culbutées par un ouragan, sauf la jaune géante à grappes qui a résisté.

Voici les rendements à l'hectare.

	Rendements en grains	
	Nitrate.	Sulfate d'ammoniaque.
Avoine du pays.	3.105	2.910
— des Salines....	3.227	3.250
Géante à grappes..............	2.754	3.240
Ligowo.	3.564	3.172

Moyennes des rendements :

Avoine du pays.................,........	3.007
— des Salines.... ....,........	3.238
Géante à grappes......................	2.997
Ligowo.................	3.368
Nitrate ....:................	3.162
Sulfate d'ammoniaque........ ,.......	3.143

M. LEFEBVRE, à Montay.

Contenance totale ....,....	1 h. 62
Contenance des parcelles.	13 a. 50
Nombre des parcelles : 12.	

Nature du sol. — Argilo-siliceux.

Récoltes précédentes. — Blé après betteraves fumées.

Nature des essais. — 1º Comparaison du nitrate de soude (150 kil. à l'hect. : 26 fr.) avec le sulfate d'ammoniaque (110 kil. à l'hect. : 26 fr. 10) ;

2º Comparaison des variétés d'avoine suivantes :

Avoine canadienne,
— Probstei,
— des Salines,
— de Groningue jaune,
— jaune géante à grappes,
— du pays.

Épandage des engrais. — Le nitrate et le sulfate d'ammoniaque ont été semés en couverture à la levée.

Semailles. — 11 avril.

Levée. — 26 avril pour toutes les variétés. Elle a été très régulière.

Végétation. — La végétation a été assez normale pour toutes les variétés. La canadienne versa la première, mais après les orages de fin juin et commencement de juillet toutes les variétés ont été culbutées plus ou moins, sauf la jaune géante à grappes.

Rendements à l'hectare :

	Nitrate de soude		Sulfate d'ammoniaque	
	Grain	Paille	Grain	Paille
Canadienne.............	3540	6400	3750	6250
Probstei	4160	5833	4290	5700
Salines.................	3750	6250	4000	6000
Groningue..............	4040	6800	4080	6100
Géante à grappes........	3875	7370	4040	7000
Avoine du pays.........	4160	6666	4330	6000

		Grain	Paille
	Canadienne............	3645	6325
	Probstei	4225	5766
Moyenne	Salines.....	3875	6125
des rendements	Groningue.............	4060	6600
	Géante à grappes......	3957	7185
	Avoine du pays........	4245	6333
	Nitrate de soude	3920	4081
	Sulfate d'ammoniaque..	6553	6225

M. N. PETIT, à Solesmes.

Contenance totale.......................... 1 h. 78 ares 50.

Conténance des parcelles .... 25 ares 50.

Nombre des parcelles....................... 7

M. Petit établit dans notre ancien champ d'expériences de blé de 1889-90, un essai de variétés d'avoines.

Cette pièce de terre avait été, après la récolte de blé, ensemencée en escourgeon. La levée avait été très belle, mais de cette emblavure il ne restait rien après l'hiver; c'est ce qui décida M. Petit à y mettre des avoines.

Semailles. — Les semailles ont été effectuées le 12 avril :

N° 1 : Jaune des Salines ;
  2 Jaune géante à grappes ;
  3 Blanche de Ligowo ;
  4 Blanche de Sibérie ;
  5 Noire de Hongrie ;
  6 Jaune de Flandre (récoltée pour la sixième fois par M. Petit).
  7 Ordinaire du pays.

Végétation. — Nous laissons ici la parole à M. Petit, qui a suivi toutes les phases de la végétation de ces six variétés, et qui a résumé ses appréciations dans les notes ci-dessous :

Le 28 avril, les chaleurs arrivent, et les avoines commencent à lever; aucune différence dans la levée.

Le 8 mai toutes les avoines végètent bien ; aucune différence à signaler, sauf la Sibérie qui a été semée un peu plus clair, et qui paraît moins vigoureuse.

Le 20 mai, végétation bonne. L'avoine de Sibérie regagne les autres ; la noire de Hongrie monte moins vite. Beaucoup de pieds coupés par les insectes.

1er juin. Continuation d'une bonne végétation ; les insectes ont disparu ; la taille des différentes variétés est à peu près identique, (0.30 à 0.40). On commence les sarclages.

Le mois de juin est pluvieux ; l'aspect des champs est très bien, les variétés commencent à se distinguer par leur nuance et leur taille.

1er Juillet. — Toutes les variétés sont magnifiques et bien droites ; tout en étant généralement hautes, les tiges sont raides, et paraissant pouvoir résister à une tempête ou à une pluie moyenne.

J'ai mesuré au 1ᵉʳ Juillet les différentes espèces, voici les résultats de cette opération :

	Haut⁺ moyenne.	Épiage.	Nuance.
1. Salines.........	0ᵐ 90 à 1ᵐ 05	en fourreau, l'épi sortira dans 5 ou 6 jours..............	vert bleu.
2. Géante à grappes	0 70 à 0 80	moins avancé que là précédente	vert moins foncé.
3. Ligowo.........	0 90 à 1 10	plus avancé que le nº 1.........	vert bleu
4. Sibérie.........	0 90 à 1 10	l'épi est presque sorti..........	Id.,
5. Noire Hongrie ..	0 70 à 0 85	en retard de 5 ou 6 jours sur le Nº 1..................	la plus bleue.
6. Jaune de Flandre	0 75 à 0 95	Id.	mois bleue que le nº 1.
7. Pays............	0 80 à 0 90	Id.	Id.

8 *Juillet*. — Les pluies diluviennes et la tempête du lundi 6 Juillet ont fait verser une partie des avoines ; les 2/5 du nº 4 (Sibérie) qui était bien épiée sont versés. Nᵒˢ 1 et 3, 1/3 versé : Les nº 2, (géante), nº 5 (Hongrie) 6 et 7 n'ont rien, sauf le nº 7, dont la dixième partie est culbutée.

15 *Juillet*. — Les nᵒˢ 1, 3 et 4 sont bien épiés ; le nº 4 est plus avancé ; les autres variétés ont toutes leurs épis presque sortis. On peut supposer actuellement, que si de nouveaux orages ne surviennent pas, les avoines versées promettent néanmoins une abondante récolte.

19 *Juillet*. — L'orage du 17 a complètement aplati toutes les parcelles.

20 *juillet*. — De nouvelles tiges croissent au-dessus des avoines versées le 6 ; la maturation de toutes les espèces souffrent de la persistance des pluies.

17 *août*. — Les rebourgeonnements font paraître le champ d'avoine complètement vert ; mais les nᵒˢ 1, 3, et surtout 4, devront être bientôt coupés ; les autres ne mûrissent pas.

20 *août*. — On coupe le nº 4 ; travail difficile ; l'avoine qui est mûre, et complètement couchée sur le sol, s'égrène en passant au travers de celle qui est repoussée.

22 *août*. — On coupe le nº 3 ; mêmes observations qu'au nº 4 ; s'égrène moins.

24 *août*. — On coupe le n° 1 ; mêmes observations.

2 *septembre*. — On coupe les n°s 6 et 7 ; elles sont mûres.

3 *septembre*. — Orage violent ; coupe arrêtée.

4 *septembre*. — On coupe n° 5 ; l'avoine n'est pas très mûre, mais elle est tellement couchée sur la terre, que je la fais couper quand même et relever en moyettes ; le grain n'a pas bien noirci, et sera léger.

5 *septembre*. — On coupe le n° 2 ; mêmes observations.

Toutes les avoines ont été relevées en temps convenables.

Voici les résultats des rendements à l'hectare :

	Grain.	Paille.	Poids de l'hectolitre.
			k.
Jaune des Salines.............	4200	7700	46
Jaune géante à Grappes.........	2700	8500	40
Blanche de Ligowo	3100	7200	40
Hâtive de Sibérie.............	3300	6900	46
Noire de Hongrie.............	4200	9100	36
Jaune de Flandre (Petit)	3200	10.700	36
Ordinaire du pays.............	2300	8800	36

M. SAUVET, à Gonnelieu.

Contenance totale .... 90 a., 40

Contenance des parcelles .... 22 a. 60

Nombre des parcelles : 4.

Nature du sol. — Argileux.

Plante précédente. — Blé d'expérience.

Nature des essais. — 1° Comparaison de parcelles sans engrais avec celles à nitrate de soude (200 kil. soit 40 fr.) ;

2° Comparaison des variétés d'avoines suivantes :

Avoine des Salines (1 et 4),

— jaune géante à grappes (2 et 3).

Épandage des engrais. — Le nitrate a été semé en couverture à la levée.

Semailles. — Fin mars.

Levée. — Bonne. L'avoine des Salines a eu une levée plus précoce.

Végétation. — La végétation a été bonne pour les 3 variétés ; elle fut plus active dans les parcelles à nitrate de soude. Malheureusement la verse a fait beaucoup de mal dans les 4 parcelles. La jaune géante à grappes paraît supérieure, parce qu'elle a une paille forte et résistante, et elle doit convenir particulièrement aux terres riches.

	Sans engrais.		Nitrate.	
	Grain.	Paille.	Grain.	Paille.
Jaune des Salines	2.823	6.637	3.008	6.637
Jaune géante à grappes	2.570	6.637	2.752	6.637

		Grain.	Paille.
Rendements moyens par hectare...	Salines	2.965	6.637
	Géante à grappes.	2.661	6.637
	Sans engrais	2.696	6.637
	Avec nitrate	2.880	6.637

M. WINTREBERT, à Gravelines.

Contenance totale........................... 68 ares.
Contenance des parcelles...................... 17 ares.
Nombre des parcelles.......... 4.

Nature du sol. — Siliceux.

Plante précédente. — Escourgeon et nitrate.

Nature des essais. — Comparaison des quatre variétés d'avoines.

1° Jaune de Groningue ;
2° Jaune géante à grappes ;
3° Noire de Californie ;
4° Blanche de Ligowo.

Semailles. — 7 avril.

Levée. — 19 avril pour la Ligowo et la géante.
24 avril pour la noire de Californie.
Elle a été régulière pour toutes les variétés sauf pour la Californie.

Végétation. — Très belle en général ; au mois de mai, la Ligowo et la géante paraissent en avance. La Californie est moins forte.

Rendements à l'hectare :

	Grain.	Poids de l'hectolitre.
Ligowo	4375	»
Groningue	3950	50
Californie	2736	48
Géante	2992	44

De ces quatre variétés, M. Wintrebert préfère la Ligowo, mais surtout la Groningue, qui donne avec un poids de 50 k. l'hectolitre et un beau rendement.

Les pailles étaient tellement rouies par la verse, qu'après battage elles donnaient un produit inutile de peser et d'apprécier.

Nos expériences sur avoines ont été, comme on a pu le voir, contrariées par les événements météorologiques de l'Été 1891, qui ont été très peu favorables à cette culture. Nos résultats ne peuvent donc être considérés comme plus normaux, que ceux des lins.

De la culture et de la comparaison des diverses variétés, il semble néanmoins résulter que l'avoine jaune géante à grappes est une des espèces qui peuvent rendre le plus de services à nos cultivateurs dans nos meilleurs terrains, parce qu'elle a une qualité essentielle bien précieuse, c'est de résister assez bien à la verse. Sa tige, quoique haute et vigoureuse, est solide, et son rendement est généralement élevé ; dans les régions de notre département où le commerce ne veut pas des avoines noires unilatérales, la culture de Géante à grappes s'impose presque, car son grain ressemble beaucoup à celui de la jaune de Flandre, qui est la variété locale.

On peut avantageusement pensons-nous, conserver la jaune de Flandre, ou mieux la sous-variété des Salines dans les terres ordinaires. Il est probable que dans ces conditions, elle sera toujours avantageuse.

Quant aux terrains moins bons encore, il est vraisemblable de penser que les meilleures variétés à leur confier sont la Groningue et la Ligowo ; cette dernière a l'avantage d'être très hâtive.

Il serait risqué de tirer des conclusions générales au sujet des essais d'engrais que nous avons installés. La différence entre l'action du nitrate de soude et celle du sulfate d'ammoniaque, pour avoine, dépend principalement des influences météorologiques, et ce n'est pas en une année aussi anormale qu'il conviendrait d'essayer d'émettre une opinion.

BETTERAVES

M. *DERKENNE, à Feignies.*

Contenance totale......... .... 91 a. 26
Contenance des parcelles............ 15 a. 21
Nombre des parcelles : 6.

Nature du sol. — Argile blanche, de la composition suivante :

Azote................................... 1.40
Acide phosphorique................... 0.87
Potasse................................ 1.95
Chaux.................................. 3.22

Plantes précédentes. — Seigle et minette en 1890.

Nature des essais.—Il s'agissait de comparer deux modes de fumure :

1° Fumure témoin.
Fumier 35.000 k..................... } Dépense à l'hectare sans le fumier
Chaux 100 h........................
Engrais composé à 14 fr. les 100 k..... } 174 fr.

2° Fumure d'essai..

{
Fumier : 35.000 k.....................
800 k. superphosphates..................
200 k. sulfate de potasse................
300 k. nitrate de soude ....
800 k. tourteaux de pavot ... .
200 h. chaux ....
}

{
Dépense à
l'hectare sans
le fumier
457 fr.
}

Trois variétés, provenant de M. Desprez étaient également mises en comparaison :

> 1° Collets roses (ancienne betterave du pays) ;
> 2° Longues tardives ;
> 3° Courtes hâtives ;

Instructions :

1° Piqueter le champ conformément au plan ;

2° Mettre du fumier *partout ;*

3° Épandre la chaux sur les parcelles, 1, 2, 3 ;

4° Épandre les superphosphates sur les parcelles 1, 2, 3 ;

5° Donner partout un bon labour, qui enfouira par conséquent le fumier sur les parcelles 4, 5, 6, et la chaux, les superphosphates et le fumier sur les parcelles 1, 2, 3. Cette opération doit être faite le plus tôt possible ;

6° Quinze jours après, on épandra les tourteaux sur les parcelles 1, 2, 3.

7° On semera le sulfate de potasse sur les parcelles 1, 2, 3 ;

8° On donnera un fort coup d'extirpateur qui enfouira ces 2 engrais ;

9° Huit jours après, on pourra semer. Il faudra tâcher de semer le 20 avril si possible au plus tard. On laissera 0^{m}40 entre les lignes ;

10° Au moment de la levée, on sèmera la moitié du nitrate c'est-à-dire 23 ou 24 kil. par parcelle, sur les parcelles 1, 2, 3 ;

11° Faire le démariage le plus vite possible ;

12° Après le démariage, mais de suite après, on semera le reste du nitrate sur les parcelles 1, 2, 3.

Semailles. — 2 mai.

Levée. — 14, 16, 18 mai. Elle a été peu régulière, surtout pour la rose.

Voici les rendements à l'hectare :

	Fumure d'essai.				Fumure témoin.		
Densité.	Rende-ment à l'hectare.	Produit brut en argent à l'hectare.	Produit en argent à l'hectare, dépense d'engrais déduite.	Densité.	Rende-ment à l'hectare	Produit brut en argent à l'hectare.	Produit en argent à l'hectare, dépense d'engrais déduite.
	k.	fr.	fr.		k.	fr.	fr.
Roses 5.3	60.000	735	458	5.3	49.000	600 25	420
Longues tardives..... 7.4	38.420	1075	798	7.2	32.400	850	670.
Courtes hâtives 7.0	32.400	850	573	6.8	30.000	705	525

HARICOTS.

M. Ch. BOLLENGIER, à Warhem.

Contenance totale....................... 114.35

Contenance des parcelles........... .... 53 ares et 61 a. 35.

Nombre des parcelles : 2

M. Bollengier avait établi, sur la terre où avaient été faites nos expériences de blés en 1889-90, un essai d'engrais sur haricots.

La fumure témoin était composée de fumier seulement.

La parcelle à fumure d'essai recevait, en outre du fumier :

800 kil. superphosphates ⎫   Dépense
200 kil. sulfate de potasse ⎬ en engrais complémentaire
200 kil. nitrate ⎭   145 fr.

Semailles. — 16 mai.

Levée. — La levée a été longue et difficile.

Végétation. — La végétation a été languissante dans la 1re partie de la saison. Elle devint meilleure vers la fin de juin. On remarquait à cette époque que la parcelle à engrais d'essai avait une végétation d'une meilleure couleur.

Les 2 parcelles ont rapporté chacune 2880 kil. de grain à l'hect. Les résultats sont donc absolument négatifs.

FÉVEROLES.

M. BECQUAERT, à Arnèke.

Contenance totale...................... 89 ares 70

Contenance des parcelles.............. 29 ares 70

Nombre de parcelles : 3.

M. Becquaert avait installé dans la pièce qui nous servait en 1889-90 de champs d'expériences de blé, un essai d'engrais sur féveroles.

La parcelle 1 ne reçut aucun engrais.

La parcelle 2 reçut :
{ Tourteaux de sésame, 200 kil. à l'hect.
Superphosphates, 300 kil. do
Sulfate de potasse, 100 kil. do
Sulfate d'ammoniaque, 80 kil. do }
Dépense à l'hectare 98 fr. 40.

La parcelle 3 fut fumée exclusivement aux tourteaux de sésame à raison de 656 k. à l'hectare........................
Dépense à l'hectare 98 fr. 40.

Semailles. — 15 mars.

Levée. — 1er avril. — Bonne.

Végétation. — Normale en commençant, mais les pluis d'orage, et particulièrement le vent, ont cassé et renversé beaucoup de tiges.

Voici les rendements à l'hectare en grains :

Parcelle 1	300 kil.
Parcelle 2	374 kil.
Parcelle 3	310 kil.

Les engrais d'essai, donnent donc des résultats absolument négatifs.

TABLE DES MATIÈRES

www.ingramcontent.com/pod-product-compliance
Lightning Source LLC
Chambersburg PA
CBHW071214200326
41519CB00018B/5527

* 9 7 8 2 0 1 3 0 1 4 4 5 8 *